普洱茶

邓时海 著

云南出版集团
云南科技出版社
·昆明·

善酒
經史子集

出版说明

一直以来，大陆普洱茶书籍的出版远远落后于台湾，而台湾普洱茶书籍在大陆一是没有正规的发行渠道，二是价格太高，难于为一般大陆消费者甚至茶庄所接受。

火爆的普洱茶市场中有关普洱茶品饮理论的书籍的匮乏与我国悠久的品茶历史文化形成了较大的落差，而且尤其与云南这个普洱茶正宗产地的地位极不相符。面对这种状况，以文化积累助产士自居的出版人，应当在这一出版空白点上拿出像样的图书来。

在昆明金星小区一个叫“古云海”的装修雅致的茶行里我们有幸见到了邓教授，我们谈到了大陆地区专门论述普洱茶的图书的匮乏，这种匮乏完全不适应市场的发展、提高品质的需要和广大普洱茶爱好者提升自身修养和鉴赏水平的渴求。邓教授欣然同意，将其已在台湾出版的大作《普洱茶》一书做一些重大修改、增删，出版适合大陆消费水平和阅读习惯的简体字版《普洱茶》一书。

感谢古云海茶行的陈露云女士，她不但为邓教授的大作提供了大量的文字素材和图片资料，也为该书的合同签署、文件传递、内容审读、文字校对等做了大量工作。

正如我们希望的那样：《普洱茶》一书问世后，能让更多读者喜欢上普洱茶，让普洱茶迷们通过阅读该书，在理论和实践两个方面都有所提高，能更好地感受那一饼饼圆茶中酿就的时间的厚、滑，体味“舌底鸣泉”的快感，在“越陈越香”中净化心灵，享受“两腋习习清风生”的飘飘意境……实践证明，这本书带来了普洱茶理论、普洱茶图书百花齐放、争鸣共进的繁荣局面。

序

南方嘉木生根益州谷山
武侯插下六山茶苗
繁华在银生府城内
络绎马帮古石道中
蒙舍蛮以椒姜桂烹饮之

茶神陆羽将锅底鱼目翻起
未曾煮过南诏国的真茶道
茶仙卢仝饮罢七碗龙凤团
道化普茶茶气有同工之妙

成吉思汗的战蹄踩过步日部
踩出普洱府茶马阵前饮
踩出普茶傲居茶中之茶
明太祖扬鞭而莫及云南边陲
留下了普茶那团沱传承
留下了普洱茶陈香滋气

雍正改土归流岁进上用茶芽
普洱茶名遍天下京师重
金瓜贡茶清风劲吹了二百年
太后夏喝龙井冬饮普洱
大观园中寿怡红群芳开夜宴
宝玉焖了一缸子女儿茶

车顺
元昌
同庆
宋聘
末代紧茶
红印
绿印
黄印
圆铁
7562
越陈越香——
敛在普洱团饼中
是道艺人的共同体

普洱茶与茶根源同生
正名在明朝
普洱茶贡清宫同盛衰
瘫痪在民初
普洱茶1973大飞跃
熟茶在当道

我将——
普洱陈香留注在茶历史
我愿——
新园矮树参透明日天空

邓时海　一九九五年茶祖会

目录

回眸 茶谱篇

目录

茶谱篇

回膈 茶谱篇

普洱茶与茶历史同生

商周时期

云南的濮族人民已经种茶，也有了茶叶生产制造，这是普洱茶最早有资料供推论和考据的。周武王于公元前1066年，率领南方八个小国讨伐纣王。东晋常璩的《华阳国志·巴志》有记载："周武王伐纣，实得巴蜀之师……鱼盐铜铁，丹漆茶蜜……皆纳贡之。"巴蜀之师，是四川、云南、贵州三省的八个小族人民组成，其中有濮族人居住云南省境内。今天云南省的兄弟民族中，相传布朗族、佤族、德昂族等都是濮人的后代。再加上云南是茶的故乡，所以断定三千多年前的商周时期，云南的濮族人已经生产茶叶了。

三国

吴普在他的《本草》一书中有记载："苦菜一名茶，一名选，一名游冬，生益州谷山陵道旁。凌冬不死，三月三日采干。"吴普所说的"荼"字，照文意就是茶叶，云南在汉朝产茶，已得到了证实。

三国时期"武侯遗种"，在一千七百多年前的农历七月二十三日打开了普洱茶史话。"茶山有茶王树，较五山独大，本武侯遗种，至今夷民祀之。"(檀萃《滇海虞衡志》)。武侯就是诸葛亮·孔明先生，相传他在公元二二五年南征，到了现在云南省西双版纳自治州勐海县的南糯山。在他的《出师表》中曾经提到"五月渡泸……深入不毛"，就是进入了滇南的记载。孔明先生到了南糯山，是否真的种了普洱茶树，并因而流传至今，已不可考据了。然而当地兄弟民族之一的基诺族，深信武侯植茶树为事实，并世代相传，祀诸葛孔明先生为“茶祖”，每年加以祭拜。

1988年12月16日《云南日报》第三版的“闲话云南茶事”中有记载：传说三国时诸葛亮路过勐海南糯山，士兵因水土不服而生眼病，孔明以手杖插于石头寨的山上，遂变为茶树，长出叶子，士兵摘叶煮水，饮之病愈，以后南糯山就叫孔明山。又说普洱县之东南有无影树山，其莽枝山为孔明寄箭处，山有祭风台，山上有大茶树是武侯遗种，夷民祀之。又传说云南六大茶山之一的攸乐山，也叫孔明山，当地居民每年农历七月二十三日为纪念孔明诞辰，举行放孔明灯活动，称为“茶祖会”。这些本来就是传言之说，但在普洱茶还没有正史的记载时，却是相当好的依托归属吧！

唐朝

咸通三年(公元862年)樊绰出使云南。在他所著的《蛮书》卷七中有记载：“茶出银生城界诸山，散收无采造法。蒙舍蛮以椒姜桂和烹而饮之。”据考证：银生城为现今云南省西南部景东、思茅和西双版纳一带地区。这一带地区已有产茶，并且行销到五百多里路程外，洱海附近蒙舍(现今云南省巍山、南涧县一带)部落饮用。这证明了唐代时期云南已生产茶叶，并且有了运销商业行为。至于银生城当时所生产的是何种茶叶，就无从考据了。但是从云南的地理环境，以及古茶树的研究，银生城的茶应该是云南大叶茶种，因为大叶茶种是云南的原始茶种，也就是普洱茶种。所以银生城产的茶叶，应该是普洱茶的祖宗。所以，清朝阮福在《普洱茶记》中说：“普洱古属银生府。则西蕃之用普茶，已自唐时。”我们和阮福的看法一样，唐时银生城已经有普洱茶了!普洱茶早在唐代就已经远销到西蕃，那时西南的丝绸之路，实际上应该改叫“丝茶之路”才正确。

陆羽是唐朝的茶事大师，所著《茶经》被视为世界上最具价值的茶书，也因此号称“茶神”。和陆羽齐名，也是唐代的品茗大师，而且是位文人的卢仝，他的那首《走笔谢孟谏议寄新茶》茶诗，是一首绘声绘影的好诗，笔法活泼，妙趣横生，后人常引喻的所谓：“卢仝七碗茶”故事就是出自这首诗中。当然，全诗的精华所在，是描述他喝过了七碗茶时，对“茶气”所有的感受。虽然卢仝所写的这首茶诗，并不是从普洱茶所得到的灵感，但喝到好普洱茶时，才会真正佩服卢仝对茶气描写得那样淋漓尽致。

兹录下全诗中最精彩的七碗茶部分：

一碗喉吻润　　二碗破孤闷

三碗搜枯肠　　惟有文章五千卷

四碗发轻汗　　平生不平事尽向毛孔散

五碗肌骨清　　六碗通仙灵

七碗吃不得也　惟觉两腋习习清风生

蓬莱山　在何处　玉川子　乘此清风欲归去

宋朝

李石在他的《续博物志》一书也记载了：“茶出银生诸山，采无时，杂椒姜烹而饮之。”这段话与唐代樊绰所记载大同小异，似乎是引用了他的说法。可见宋时云南省茶叶仍没有固定的名字。普洱茶虽然已自唐时，极遗憾的，唐代茶神陆羽在他的《茶经》中，介绍了十三个省份，四十二州的名茶，唯独漏了云南省银生城的普洱茶。然而，到了今天最能承接唐宋时团茶衣钵的，却是云南的普洱茶。从茶文化历史的认知，茶兴于唐朝而盛于宋朝。中国茶叶的兴盛，除了中华民族以饮茶为风尚之外，更重要的因为“茶马市场”以茶叶易换西蕃之马，对西藏的商业交易，开拓了对西域商业往来的荣景。“西蕃之用普茶”一句话，有了铁证事实。

元朝

在整体中国茶文化传承的起伏转折过程中，是特别平淡的一个朝代，可是对普洱茶文化来说，元朝是一段非常重要的光景。我们习惯将普洱茶的起源摆在三国时代的“本武侯遗种”，其实可以将普洱茶的根本追溯到喝中国茶的第一人时期，不管他喝的是哪一棵茶树的茶叶，必定是云南大叶茶种的后代，也就是普洱茶。因为云南普洱茶是用大叶种茶，也是最原始茶种的茶青制成的。所以中国茶的历史，就等于是普洱茶的历史。

可是元、明以前喝普洱茶，都是没有“落款”的普洱茶，也就是有其实而无其固定的名称，对普洱茶的品茗者来说，是一大憾事！我们从历史传承的共鸣而产生美感和满足，往往跟这个历史传承存在的确实性是有着正面密切关系。比如，两把相同的古壶，经鉴定同样是出自陈鸣远的真品，而一者有款，另一者则无款，当然有款者价格会比较高。因为有款代表确实性较高，较容易引发更高的美感。自从元朝的普茶得到正其名之后，使喜爱普洱茶品茗者，增加了一份“名正言顺”的归宿之美。

元朝有一地名叫“步日部”，由于后来转音写成汉字，就成了“普耳”(当时“洱”字无三点水)。普洱一词首见于此，从此得以正名写入了历史。没有固定名称的云南茶叶，也被叫作“普茶”，纯厚浓酽的普洱茶逐渐成为西藏、西康、新疆等地区以肉食为主的兄弟民族必需食品，也是该地区市场买卖的必需商品。普茶一名也从此名震国内外，直到明朝末年，才改叫为普洱茶。

明朝

明朝万历年间(公元1620年)，谢肇淛在他的《滇略》中有记载：“士庶所用，皆普茶也。蒸而成团。”这是“普茶”一名首次见诸文字。明朝末年方以智在他所撰稿，由他的两个儿子方中通、方中履于公元1664年出版的《物理小识》中记载了：“普洱茶蒸之成团，西蕃市之。”“普洱茶”一名正式有了文字可参。明太祖朱元璋还是放牧牛童时期，就看不惯人们制作团茶，以斗茶为乐的奢侈生活。立位后首先废团茶而兴散茶，于1391年下令改革贡茶“罢造龙团，惟采芽茶以进”，来带动平实朴素的社会民风。中国各种茶都改了头换了面，唯有生产在南方边陲地区

的普洱茶，由于明朝政令鞭长莫及，所以仍然保有古意盎然的团饼茶型。

明朝，茶马市场在云南兴起，往来穿梭云南与西藏之间的马帮如织。这些马帮一来一回，需走上四五千里路，足足等于唐三藏取经的历程。商人运来大批毛皮、布匹、纸张、刀具，还有马匹等日用品将交换到的茶叶，以人背马驮运回去。因为交通人马车辆很多，走出了专业的道路。其中一条由西双版纳的六大茶山南端易武镇，北上经普洱镇，经大理到达丽江以南，至金沙江边的石鼓镇。那些走在云南境内的，我们习惯称之为“古茶道”。由易武镇通往石鼓镇是一条铺着石块的，叫它为“石块古茶道”。再由石鼓镇通过西藏拉萨直达印度，这条在云南境外的，我们叫它为“茶马大道”。当然，古茶道、茶马大道并不只一条，还有通往缅甸，也有通往越南的茶马大道。

在茶道的沿途上，聚集而形成许多城市。“普洱府”由“步日部”改名以来，渐渐开拓成为云南茶叶最主要集散中心，慢慢让商人感觉到，云南茶叶和普洱府连成一体，有了普茶一名。后来到了明朝末年，再更改为“普洱茶”。凡是云南境内，由乔木茶树的茶青制造的茶品，一律通称为普洱茶。以普洱府为中心点，透过了古茶道和茶马大道极频繁的东西交通往来，进行着庞大的茶马交易。蜂拥的驮马商旅，将云南地区编织为最亮丽光彩的历史画面。

清朝

清朝时普洱茶脱胎换骨，变为枝头凤凰，不但广受海内外人们喜爱，更成为倍受宫廷宠爱的贡茶，为最光彩而鼎盛的时代。就以普洱茶的文字论著来说，是历代最丰富的，所以描述及记载普洱茶的文章也相对出现最多。

举出部分具有代表性的有关普洱茶文献以供参考。

普洱茶文献

《物理小识》 方以智 明朝末年撰稿，清朝时期公元1664年出版

普洱茶蒸之成团，西蕃市之。最能化物，与六安同。

《闻夜录》 刘健 17世纪60年代著

文中记载了，在顺治十八年(公元1661年)三月，在北胜州(今永胜县)与藏人进厅茶、马交易。

《滇云历年志》 倪蜕 公元1737年撰

卷二　雍正七年己酉，总督鄂尔泰奏设总茶店于思茅，以通判司其事。六大山产茶，向系商民在彼地坐放收发，各贩于普洱，上纳税转行，由来久矣。至是以商民盘剥生事，议设总茶店以笼其利权。于是通判朱绣上议，将新旧商民悉行驱逐，逗留复入者俱枷责押回。其茶令茶户尽数迁至总店，领给价值。私相买卖者罪之。稽查严密，民甚难堪。又商贩先价后茶，通融得济。官民交易，缓急不通。且茶山之于思茅，自数十里至千余里不止。近者且有交收守候之苦，人役使费繁多。轻载重秤，又所难免。然则百斤之价。得半而止矣。若夫远户，经月往来，小货零星无几，加以如前弊孔，能不空手而归?小民生生之计，只有此茶，不以为资，又以为累。何况文官责之以贡茶，武官挟之以生息。则截其根，赭其山，是亦事之出于莫可如何者也。

《滇南新语》 张泓 公元1755年撰

滇茶　滇茶有数种。盛行者曰木邦，曰普洱。木邦叶粗味涩，亦作团，冒普茗名，以愚外贩。因其地相近也。而味自劣。普茶珍品，则有毛尖、芽茶、女儿之号。毛尖即雨前所采者，不作团，味淡香如荷，新色嫩绿可爱。芽茶较毛尖稍壮，采治成团，以二两四两为率。滇人重之。

女儿茶亦芽茶之类，取于谷雨后，以一斤至十斤为一团。皆夷女采治，货银以积为奁资，故名。制抚例用三者充岁贡。其余粗普叶，皆散卖滇中。最粗者熬膏成饼摹印，备馈遗。而岁贡中亦有女儿茶膏，并进蕊珠茶。

《本草纲目拾遗》 赵学敏 公元1765年撰

普洱茶出云南普洱府。成团。有大中小三等。《云南志》：普洱山在车里军民宣慰司北。其上产茶，性温味香，名普洱茶。《南诏备考》：普洱茶产攸乐、革登、倚邦、莽枝、蛮专、慢撒六茶山，而以倚邦、蛮专者味较胜。味苦性刻，解油腻牛羊毒，虚人禁用。苦涩，逐痰下气，刮肠通泄。

按：普洱茶，大者一团五斤，如人头式，名人头茶，每年入贡，民间不易得也。有伪作者，名川茶，乃川省与滇南交界处土人所造。其饼不坚，色亦黄，不如普洱清香独绝也。普洱茶膏黑如漆，醒酒第一，绿色者更佳。消食化痰，清胃生津，功力尤大也。《物理小识》：普雨茶蒸之成团，西蕃市之。最能化物，与六安同。

按：普雨即普洱也。

《滇行日录》 王昶 公元1768年撰

顺宁茶味薄而清，甘香溢齿，云南茶以此为最。普洱茶味沉刻，土人蒸以为团，可疗疾，非清供所宜。

《滇南闻见录》 吴大勋 公元1782年撰

团茶产于普洱府属之思茅地方。茶山极广，夷人管业，采摘烘焙，制成团饼。贩卖客商，官收为课。每年土贡，有团有膏。思茅同知承办团饼，大小不一，总以坚重者为细品，轻松者叶粗味薄。其茶能消食理气，去积滞，散风寒，最为有益之物。煎熬饮之，味极浓厚，较他茶为独胜。

《清朝通典》 稽璜等 18世纪80年代撰

茶课：凡商贩入山制茶，不论精粗，每担给一引，每引额征纸价银三厘三毫。其征收茶课，例于经过各关时，按照则例验引征收，汇入关税项中解部。（间亦有汇入地丁款项内奏报者。）

云南行三千引，额征银九百六十两。每担给一引，每引纸价三厘，税银三钱三分，入地丁册内造报。（康熙四年，永宁府开茶马市，每两征税三分。雍正十三年，颁茶引三千。）

《滇海虞衡志》 檀萃 公元1799年撰

普茶名重于天下，出普洱所属六茶山，一曰攸乐，二曰革登，三曰倚邦，四曰莽枝，五曰蛮专，六曰慢撒。周八百里，入山作茶者数十万人。茶客收卖运于各处。普茶不知显于何时。宋自南渡后，于桂林之静江军以茶易西蕃之马，是渭滇南无茶也。顷检李石《续博物志》云：茶出银生诸山，采无时，杂椒姜烹而饮之。普洱古属银生府，则西蕃之用普茶已自唐时，宋人不知，犹于桂林以茶易马，宜滇马之不出也。李石记滇中事颇多，足补史缺。茶山有茶王树，较五茶山独大，本武侯遗种，至今夷民祀之。倚邦、蛮专茶味较胜。

《滇系·山川》 师范 公元1807年撰

普洱府宁洱县六茶山：曰攸乐，即今同知治所；其东北二百二十里曰莽枝，二百六十里曰革登，三百四十里曰蛮专，三百六十五里曰倚邦，五百二十里曰慢撒。山势连属，复岭层峦，皆多茶树。又莽枝有茶王树，较五山茶树独大。传为武侯遗种，夷民祀之。

《西陲竹校词》 祁韵士 公元1808年撰

府茶：水寒端合饮熬茶，大叶粗枝亦足夸(茶甚粗，名为府茶)。随意熬煎同普洱，龙团不重雨前芽。

《普洱茶记》 阮福 公元1825年撰

普洱茶名遍天下。味最酽，京师尤重之。福来滇，稽之《云南通志》，亦未得其详。但云产攸乐、革登、倚邦、莽枝、蛮专、慢撒六茶山，而倚邦、蛮专者味最胜。福考普洱府古为西南夷极边地，历代未经内附。檀萃《滇海虞衡志》云：尝疑普洱茶不知显自何时。宋范成大言：南渡后于桂林之静江军以茶届而西蕃之马，是渭滇南无茶也。李石《续某物志》称：出银生诸山，采无时，杂椒姜烹而饮之。普洱古属银生府。则西蕃之用普茶，已自唐时，宋人不知，犹于桂林以茶易马，宜滇马之不出也。李石亦南宋人。本朝顺治十六年平云南，那酋归附，旋叛伏诛。遍隶元江通判，以所属普洱等处六大茶山，纳地设普洱府，并设分防。思茅同知驻思茅。思茅离府治一百二十里。所谓普洱茶者，非普洱府界内所产，盖产于府属之思茅厅界也。厅治有茶山六处：曰倚邦，曰架布，曰嶍崆，曰蛮专，曰革登，曰易武。与通志所载之名互异。福又捡贡茶案册，知每年进贡之茶，例于布政司库铜息项下，动支银一千两，由思茅厅领去转发采办，并置办收茶锡瓶缎匣木箱等费。其茶在思茅。本地收取鲜茶时，须以三四斤鲜茶，方能折成一斤干茶。每年备贡者，五斤重团茶、三斤重团茶、一斤重团茶，四两重团茶、一两五钱重团茶，又瓶盛芽茶、蕊茶、匣盛茶膏，共八色，思茅同知领银承办。《思茅志稿》云：其治革登山有茶王树，较众茶树高大，土人当采茶时，先具酒醴礼祭于此。又云茶产六山，气味随土性而异。生于赤土或土中杂石者最佳，消食散寒解毒。于二月间采蕊极细而白，谓之毛尖，以作贡，贡后方许民间贩卖。采而蒸之，揉为团饼。其叶之少放而犹嫩者，名芽茶；采于三四月者，名小满茶；采于六七月者，名谷花茶；大而圆者，名紧团茶；小而圆者，名女儿茶。女儿茶为妇女所采，于雨前得之，即四两重团茶也。其入商贩之手，而外细内粗者，名改造茶。将揉时，预择其内之劲黄而不卷者，名金玉天；其固结而不解者，名疙瘩茶。味极厚难得。种茶之家，芟锄备至，旁生草木，则味劣难售。或与他物同器，则染其气而不堪饮矣。

《鸿泥杂志》 雪渔 公元1826年撰

卷二 云南通省所用茶，俱来自普洱。普洱有六茶山，为攸乐，为革登，为倚邦，为莽枝，为蛮专，为慢撒。其中惟倚邦、蛮专者味较胜。

《断案碑》 张应兆等

公元1838年立 查此案前经敝

署府审看得石屏州民人张应兆、吕文彩等先后上控易武士弁伍荣、曾字识、王从五、陈继绍等，年来诡计百出，伙党暴虐，额外科派各情一案，缘张应兆、吕文彩等，均系藉石屏州，于乾隆五十四年前，宣宪招到文彩等父叔辈，栽培茶园，代易武赔纳。

贡典 给有招牌已今多年无异。前茶价稍增，科派尤轻可以营生，近因茶价低贱，科派微重，张应兆等即以前情赴宪辕卖控，奉扎下府，遵即移案证，逐一查讯条款，内补土弁字识等拆收。

贡茶 系奉思茅厅谕该首目，以二水充抵买水茶，本年剖银叁百两，系卖补买水茶。嗣后二水行禁，革易武私设刑具，讯系管押罪人，但不得妄拿无辜，其抽收地租，仍照旧例。易武一案，上纳土署银贰钱。以作土官办养膳，一钱存寨内办公。如该土弁赴江、赴思夫马照旧应办。倚邦供顿钱叁拾两。自曼秀至曼乃各寨，仍照旧上纳土署银三钱。赴江、赴思夫马供顿使费，以及吃茶肆担，各寨揉茶银拾两。祭童猪肆口，水火夫一名，永行禁革。易武土弁，因公出入，夫不得过二十名，马不得过十匹……

《信征别集》 段永源

公元1867年撰

朱继用又言：思茅厅地方，茶山最广大。数百里间，多以种茶为业。其山川深厚，故茶味浓而佳，以开水冲之十次，仍有味也，而归其美名于普洱府。其实普洱之茶，皆思茅所产也。

《红楼梦》 第六十三回

寿怡红群芳开夜宴，死金丹独艳理亲丧

宝玉及了鞋，便迎出来，笑道："我还没睡呢。妈妈进来歇歇。"又叫："袭人，倒茶来。"……宝玉忙笑道："妈妈说的是，我每日都睡的早，妈妈每日进来，可都是我不知道的，已经睡了。今儿因吃了面怕停食，所以多顽一回子。"林之孝家的又向袭人等笑说："该焖些普洱茶喝。"袭人、晴雯二人忙说："焖了一茶缸子女儿茶，已经喝过两碗了。大娘也尝一碗，都是现成的。"

《茶庵鸟道》 舒熙盛 清代宁洱贡生

崎岖鸟道锁雄边　一路青云直上天

木叶轻风猿穴外　藤花细雨马蹄前

山坡晓度荒山月　石栈春含野墅烟

指顾中原从此去　莺声催送祖生鞭

——原载清光绪《普洱府志》卷之十九，艺文志。

《普茶吟》 许廷勋 清代普洱儒生

山川有灵气盘郁　不钟于人即于物

蛮江瘴岭剧可憎　何处灵芽出岑蔚

茶山僻在西南夷　鸟吻毒茧纷轇轕

岂知瑞草种无方　独破蛮烟动蓬勃

味厚还卑日注丛　香清不数蒙阴窟

始信到处有佳名　岂必赵燕与吴越

千枝峭蒨蟠陈根　万树搓丫带余卉

春雷震历勾潮萌　夜雨沾濡叶争发

绣臂蛮子头无巾　花裙夷妇脚不袜

竟向山头来撷采　户笙唱和声嘈赞

一摘嫩芷含白毛　再搞细芽抽绿发

三摘青黄杂揉登　便知粳稻参糠麸

筠兰乱叠碧秏秏　松炭微烘香酵酵

夷人恃此御饥寒　贾客谁教半干没

冬前给本春收茶　利重逋多同攘夺

土官尤复事诛求　染派抽分苦难脱

沟圆茶树积年功　只与豪强作生活

山中焙就来市中　人肩浃汗牛蹄蹶

万片扬箕分精粗　千指搜剔穷毫末

丁妃壬女共董蒸　笋叶藤比重检括

好随筐篚贡官家　直上梯航到宫阙

区区茗饮何足奇　费尽人工非仓卒

我量不禁三碗多　醉时每带姜盐吃

休休两腋自更风　何用团来三百月

——原载清光绪《普洱府志》卷之四十八，艺文志。

《采茶曲》 黄炳堃 清代光绪景东郡守

正月采茶未有茶　村姑一队颜如花
秋千戏罢买春酒　醉倒胡麻抱琵琶
二月采茶茶叶尖　朱堪劳动玉纤纤
东风贻荡春如海　怕有余寒不卷帘
三月采茶茶叶香　清明过了雨前忙
大姑小姑入山去　不怕山高村路长
四月采茶茶色深　色深味厚耐思寻
千枝万叶都同祥　难得个人不变心
五月采茶茶叶新　新茶远不及头春
后茶哪比前茶好　买茶须问采茶人
六月采茶茶叶粗　采茶大费拣功夫
问他浓淡茶中味　可似檀郎心事无
七月采茶茶二春　秋风时节负芳辰
采茶争似饮茶易　莫忘采茶人苦辛
八月采茶茶味淡　每于淡处见真情
浓时领取淡中趣　始识侬心如许清
九月采茶茶叶疏　眼前风景忆当初
秋娘莫便伤憔悴　多少春花总不如
十月采茶茶更稀　老茶每与嫩茶肥
织缣不如织素好　检点女儿箱内衣
冬月采茶茶叶凋　朔风昨夜又今朝
为谁早起采茶去　负却兰房寒月霄
腊月采茶茶半枯　谁言茶有傲霜株
采茶尚识来时路　何况春风无岁无

——原载民国《景东县志稿》卷十八，艺文志。

普洱贡茶

东晋《华阳国志》记载了周朝时，云南茶叶已经进贡朝廷了，但其中有哪些茶品，前后延续了多少时间，不得而知。唐宋以来，云南茶叶销往西域与日俱增，开拓了茶马市场，影响了东西贸易形态，受到全国重视。尤其到了清朝，普洱茶的声誉远播，也引起了清朝宫廷的注意及好感。雍正皇帝于公元1726年，指派满族心腹大臣鄂尔泰出任云南总督，推行“改土归流”的统治政策：三年后设置“普洱府”，控制普洱茶的购销权利，同时推行“岁进上用茶芽制”，选最好的普洱茶进贡北京，以图博得皇帝的欢心，并曾经得到皇帝多次赐匾，目前仍留有朝天贡瑞匾一块。

为了配合每年贡茶的制作及处理，清廷在普洱府的宁洱地方建立了普洱贡茶茶厂，每年进贡清廷的普洱贡茶，均价值一千多两银子，以当时的物价，可以买到十多万斤稻米。所进贡的普洱茶是八色茶品，有五斤重团茶、三斤重团茶、一斤重团茶、四两重团茶、一两五钱重团茶，瓶装芽茶散茶、蕊茶散茶以及匣装茶膏共八种。其中有一种叫“女儿茶”最受当时所厚爱，也是后人时时称赞不绝的，连大观园里贾宝玉都喜欢普洱女儿茶。文献中，女儿茶有两种说法，《滇南新语》中记载：“女儿茶亦芽茶之类。取于谷雨后，以一斤至十斤为团。”另外在《普洱茶记》中却如此记载：“采于三四月者，名小满茶；采于六七月者，名谷花茶。大而圆者，名紧团茶；小而圆者；名女儿茶。女儿茶为妇女所采，于雨前得之，即四两重团茶也。”

《滇南新语》的女儿茶是一至十斤的团茶，而《普洱茶记》的女儿茶则是四两重团茶。前者是公元1755年所撰，后者是在公元1825年著的，相距70年，也许是女儿茶由早期的大而圆，到了后来减肥成小巧玲珑的小团茶。《滇南新语》有载：“旨夷女采治，货银以积为奁资，故名。”相传作为贡茶的女儿茶，都是云南西双版纳六大茶山的茶园，每年谷雨前，由未婚的少女采摘。采茶时将茶青放入怀中积到一定数量时，才取出放到竹篓里。采来的女儿茶，与茶园主人对分，以作为工资。少女们将分得的女儿茶拿到市面销售，往往都被抢购一空，而得的钱作为嫁妆之用。

云南普洱贡茶进入清朝宫廷深受欢迎，与其他茶种的贡茶相比，与众不同，被视为罕见的名茶。普洱贡茶来自南方深山老林原始大茶树的茶青，茶汤特别浓酽纯厚，品质特殊，饮了会去油腻助消化。《本草纲目拾遗》记载：“普洱茶味苦性刻，解油腻牛羊毒……苦涩，逐痰下气，刮肠通泄。”清朝满族祖先原本是中国东北地区的游牧民族，以肉食为主，进入北京成了帝王统治者之后，养尊处优，饮食珍馐无所不极。那些饱食终日的深宫皇亲国戚特别喜爱和赏识普洱茶。

因此有“普茶名重天下”，“普洱茶名遍天下，味最酽，京师尤重之”一时传为佳话。慈禧太后年事已高，最喜欢在冬季里，刚吃完油腻，喝普洱茶，图它又暖又能解油腻。

“夏喝龙井，冬饮普洱”已成为清宫饮茶规范，也因此形成了上行下效的风尚。正如《滇略》所说的：“土庶所用，皆普茶也。”凡是时下对饮茶品茗稍有知识者，应该都有品饮普洱茶的经验或嗜好。连《红楼梦》的大观园里都喝起普洱茶来了，其书第六十三回“寿怡红群芳开夜宴”这一节中，贾宝玉叫家人冲泡普洱女儿茶来喝，以帮助去腻消化。

《滇云历年志》所载：

“雍正七年己酉，总督鄂尔泰奏设总茶店于思茅，以通判司其事。六大山产茶，向系商民在彼地发放收发，各贩于普洱，上纳税转行，由来久矣。”

《本草纲目拾遗》所载：

“普洱茶产攸乐、革登、倚邦、莽枝、蛮专、慢撒六茶山。而以倚邦、蛮专者味较胜。”

《滇海虞衡志》所载：

“普茶名重于天下：出普洱所属六茶山，一

六大茶山及古茶道图

曰攸乐，二曰革登，三曰倚邦，四曰莽枝，五曰蛮专，六曰慢撒，周八百里，入山作茶者数十万人，茶客收买运于各处。”

《滇系》所载：

“普洱府茶产攸乐、革登、倚邦、莽枝、蛮专、慢撒六茶山，而倚邦、蛮专者味较胜。”

《普洱茶记》所载：

“所谓普洱茶者，非普洱府界内所产，盖产于府属之思茅厅界也。厅治有茶山六处：曰倚邦、曰架布、曰嶍崆、曰蛮专、曰革登、曰易武……又云茶产六山，气味随土性而异，生于赤土或土中杂石者最佳。消食散寒解毒。于二月间采蕊极细而白，谓之毛尖，以作贡，贡后方许民间贩卖。”

《鸿泥杂志》所载：

“普洱有六茶山，为攸乐，为革登，为倚邦、为莽枝，为蛮专，为慢撒。其中惟倚邦、蛮专者味较胜。”

根据以上所记载看来，清朝普洱贡茶产自六大茶山是可以肯定相信的。其中《本草纲目拾遗》《滇系》《普洱茶记》及《鸿泥杂志》都提到了“其中惟倚邦、蛮专者味较胜。”是否言下之意，那些送进清朝宫廷的普洱贡茶，就是产自倚邦和蛮专两座茶山的茶园?

“易武乡的茶叶产量现已次于曼田、曼洛、曼黑和曼腊各乡。在1937年抗日战争以前，易武附近都是茶园，所产的茶叶曾经被作为贡茶，有回甜香味，西藏和本省丽江的藏族同胞直接到易武买茶。”(《版纳文史资料选辑》4，第32页，1988年11月出版)

“倚邦本地茶叶以曼松茶味最好，有吃曼松看倚邦之说。”“皇帝指定五大茶山中的曼松茶叶为贡茶，其他寨茶叶概不要。曼松茶叶质厚味美，其味甘香可口。饮后，神志清醒，所以其他茶山的茶农，均得出钱购买曼松茶叶上献皇帝。”“倚邦贡茶：历史上皇帝令茶山要向朝廷纳一项茶叶，称之贡茶。年约百担之多，都全靠人背马驮运至昆明……史上昆明市设有曼松茶铺号，其价值比一般的高，故贡茶指名全要曼松茶，各山茶民均得出款统一购买曼松茶叶交纳上贡，造成王山茶民的很大负担。”（《版纳文史资料选辑》4，第45页)

从以上资料可以得出下面两个结论：

一、历年贡茶多来自倚邦曼松山，原因是该茶山盛产小叶种普洱茶，其茶品较易武茶山的大叶种普洱茶，来得“青香”而适合于新茶冲泡。新鲜感很强，茶汤浓酽，最适合北方宫廷大内的口感。

二、曾经生产过贡茶的茶山有攸乐山、易武山和倚邦山。但与古书中记载的“而倚邦蛮专者味最胜”，少了蛮专茶山的茶未列贡茶。其实，极可能蛮专茶山曾经有过进贡的茶叶，同时古今对茶山的位置、范围及命名有着相当大的变迁。“五大茶山的由来，就是随着贡茶的负担及茶园分布面积，划分管理的一种形式。其中即倚邦的：曼松山、曼拱山、曼砖山、牛滚塘半山三山半，易武的易武山、曼腊半山一山半，故为五大茶山。如果加上攸乐一山，即为六大茶山。”“其他各种不同茶山地名，都是茶商们根据各人贩运茶叶的不同来源而任意宣扬出来的，都把自己所采购的茶叶说成是名山名茶。因此，在同一时期也会出现不同几大茶山的叫法。”(《版纳文史资料选辑》4，第17页)

普洱贡茶在清朝宫廷中，有异军突起之势，广受王宫贵族的青睐及厚爱。同时也作为国礼送给外国使节。公元1793年英国特派前驻印度马德拉斯总督一行95人到来，给乾隆皇帝80岁祝寿时，清宫在万树园宴待英国使节团，并赠送了大批礼物，其中就有普洱女儿茶、普洱茶膏等。

同时，外国文学中也有普洱茶记载。

托尔斯泰就将普洱茶写入了他的《战争与和平》名著中。

同时在普洱贡茶之中，有一种做成方块形的方茶，是准备朝廷赏赐给臣子之用，也是代表荣誉的信物。“然后蒸压成正方形块状，长宽各10.1厘米，每片净重250克，是压制茶中的高档产品。在清代，民间称为普洱贡茶，系皇帝赐给

臣子的礼物。”(《云南省茶叶进出口公司志》第96页)普洱贡茶在清朝宫廷中，除了宫中饮用之外，还当作外交礼物送各国使节；也当作朝廷赐品送给臣民，发挥了多方面用途。

从公元1732年(雍正十年)开始，普洱茶正式被列为贡茶。直到公元1904年(光绪三十年)，云南地方混乱，盗匪蜂起，贡茶运至昆明附近被匪徒抢劫一空，朝廷也无法追究，因故才得以借机停止了交纳普洱贡茶一项，普洱贡茶在清宫中饮了将近两百年之久。

1963年北京故宫处理清宫贡茶有两吨多，其中仍有大大小小的团茶、女儿茶、普洱茶膏。团茶最大的如西瓜，重五斤半，小的如乒乓球大小，不霉不坏，保存完好，茶团表面有拧紧布纹的印痕。中华茶人联谊会秘书长王郁风先生，曾经取得一些试泡，他评语是：“汤有色，旦茶味陈化、淡薄。”这批普洱贡茶依推算，至少是慈禧太后时代留下的，或者更早亦可能，其中最老的约有一百五十年以上陈期。60年代初期，大陆茶业减产，内销市场供不应求，于是将这批故宫普洱贡茶，打碎筛细拼入其他普洱散茶卖掉了!

据北京故宫老专家单士元先生说：只有团茶和茶膏仍留有样品。这一两个普洱贡茶团茶样品，就是目前被视为国宝的“金瓜贡茶”，(团茶形状大小如人头，所以也叫“人头金瓜贡茶。”)为了方便研究和保存，在20世纪80年代中期，北京故宫将普洱金瓜贡茶送到中国农业科学院茶叶研究所保管。普洱金瓜贡茶是目前所留存下来最陈老的普洱茶，从表面看来，各团的年代都不相同，至少都是百年以上的了!

普洱府产茶之说

我们一向都认同《普洱茶记》中所载的，“所谓普洱茶者，非普洱府界内所产。”只把普洱地方当作普洱茶集散中心来记忆，即使普洱有种普洱茶也应该是近代的农业。

可是根据云南省民族理论学会思茅分会普洱小组编撰的《再论普洱茶的光辉历史》(1988年7月出版)，该小册中记载了：“普洱府志载：普洱所属宁洱一县，思茅、威远、他郎三厅。也就是说，普洱当时所辖着宁洱(现今之普洱县)一县，思茅、威远(现今的景谷县)、他郎(现今的墨江县)三厅。换句话说，自古以来，普洱辖思茅，思茅又辖六版纳，当时六大茶山正在澜沧江以内的勐腊、江城一带，普洱府是当时边关之首府，政治文化的中心，商品经济最大的集散地，其茶的命名，自然只能用普洱。再说普洱本地方同样生产着茶叶，普洱勐先小板山的茶王树威镇海内外，普洱茶自身的味道气性，质量方面早已优于六大茶山之茶，试想在封建王朝的古普洱一带，若没有商品的比赛，没有茶王树的存在，没有普洱府的管辖，普洱茶能名重于天下么？普洱茶生产的数量虽少，但质优早已盖于它茶。喜鹊是鸟，金凤凰也是鸟，没有百鸟的比试，又怎能显得金凤凰的美丽呢？普洱凤凰山正是在传说里诸茶比赛胜利的标志。当然这不过是古代对于普洱茶的命名来源的一种依据罢了。”

该小册中同时提到了普洱贡茶：“清人阮福《普洱茶记》载：普洱茶名遍天下，味最酽、京师尤重之。”又从《贡茶册》可悉。每年进贡之茶，例于布政司库铜息项下，动支银千两。按当时宁洱县秋粮每担折银二两计算，即等于现今的一十二万斤稻米。所以贡奉京司的责任和负担是很重的。

普洱的贡山茶为数不多，产于普洱县西门山，质地精致，为历代贡奉京师之首茶(《西山碑考》)，已被历代皇帝视为异珍，称为诸茶之首、众茶之冠。此茶是产于普洱府内，谁还能用更超于贡山茶的历史雄辩来阐明普茶不是产于普洱呢？其质之细腻，其味之芬芳，岂诸山之茶可比拟？

普洱东门山的东塔倒影，历代盛产的毛木树茶，属普洱的第二珍品，多属道地土人品尝，不舍出售。普洱勐先小板山茶园，为茶王诞生之地，采茶祭祀，众所周知。新中国成立后成立了勐先茶厂。为历代贡茶之一。

除此而外，尚有茶庵堂、西萨、宽洪、同心的扎拉丫口、龙潭坝、德化等区，均为历代贡茶之采摘地。

《普洱茶记》云：“二月采毛尖，以作上贡，贡后方能出售。若普洱不产茶，这么重的贡茶负担从何而来？”

从上面的资料得知，普洱地方不但本来就有生产普洱茶，也作过贡茶，并且更自豪地说：

“普洱勐先小板山的茶王树威镇海内外，普洱茶自身的味道气性，质量方面早已优于六大茶山之茶。”

看样子“普洱不产普洱茶”这桩本来以为是事实的说法，却可能变成历史悬案，或必须重打文字官司了!

茶马大道开通，使西藏与云南之间的商业往来发达，引起了清宫对普洱茶的兴趣，并纳入贡茶，更带动了社会品饮普洱茶的时尚风气。《普洱茶记》中就有“普洱茶名遍天下。味最酽，京师尤重之。”的记载。《滇海虞衡志》也有载：“入山作茶者数十万人，茶客收卖运于各处”，从西域市场的必需商品，到成为国内饮茶界的流行，因应而生的是制作普洱茶的商号一时林立，当时在云南省境内最为有名的有：同庆号、福元昌号、宋聘号、同兴号、迎春号、同昌号、同泰昌、可以兴、同顺祥、元泰丰等茶庄。这些茶庄所生产茶品等级多而悬殊，有应付西域马帮所需普通而较粗劣的紧茶、饼茶等，它们主要是作为酥油茶的材料。也有专为品茗者或收藏者所喜爱的高级而精致的散茶、圆茶等茶品。

清朝的前期和中期，约1660~1870年间，是普洱茶历史中最兴盛的时期，光是西双版纳的六大茶山最高年产量，曾经达到八万多担。(《版纳文史资料选辑》4，第80页)当地几乎家家种茶，户户卖茶，马帮塞途，商旅拥挤。这些忙碌人马，除了朝廷的贡茶官宦之外，有印度、缅甸、锡兰、暹罗、安南、柬埔寨和国内商人。每年至少有五万匹驮马来往穿梭六大茶山之间。其中送进宫中普洱贡茶约七百担，卖给西域地区约三万担，少数销往其他国家，其余部分在国内市场销售。所以，单是六大茶山的茶品，每年就约有两三万担被国人饮用掉，况且除此之外，云南境内仍有许多茶山生产更多的茶量，当时国内品饮普洱茶风气之盛行，可想而知了!依据《中法续议商务专条附章》，光绪二十三年在思茅建立了海关，光绪二十八年英国也跟进在思茅建立领事馆，做出口普洱茶和红茶的生意。

到了光绪末年，普洱茶突然急转直下，由过去八万担降产到五万担，随后每年普洱茶产量就越来越少了。原因是清末的茶捐过重，茶农受损，茶商亦无利可图，有“普洱产茶，颇为民害”的说法。许多茶商和马帮另走他途，老茶农也纷纷丢弃茶园另谋他业，过去马帮络绎于途的繁华景象一蹶不振了!

民国

本来可以重整普洱茶的产销，重振往日之雄风。开始时云南省政府对茶叶实行“官办民营”，由地方政府设官收税，茶商设庄制茶，民间运销，对普洱茶的产销营运，已经起了刺激作用。但是到了1930年左右，印度茶、锡兰茶投入了国际茶叶市场，展开茶叶销售竞争。普洱茶向

西域、缅甸、泰国及南洋销售出口锐减，总产销量降为三万多担。第二次世界大战开始，日军由中国南方向北进攻，云南首当其冲，普洱茶生产几乎停顿了下来。抗战结束以后云南地方茶叶生产受“陆系财团”独家垄断，后来该财团合并改称“人民企业公司”。最后公司将资金转移，茶商无力经营，1948年的普洱茶年产量仅五千多担，普洱茶的事业经营，跌落到谷底。

现在录下范和钧先生(范和钧先生出生在江苏省，留学法国专攻数学，学成回到北京服务于中国茶业公司，后来在台担任茶厂厂长，晚年旅居美国。)的《创办佛海茶厂的回忆》片段供参阅：

建厂两年

创业是艰难的。厂房建成了，制茶机器运转了，当第一批茶叶生产出来的时候，全厂职工心情激动，满怀喜悦。两年来，我们一边建厂，一边发展滇茶生产，开展滇茶外销，繁荣了当时的经济，改善了边民的生活。我们的贡献虽然微薄，但精神上却得到了很大的安慰。事情都不会是一帆风顺的，困难与成果往往有时是共生的，克服的困难越大，收获的成果越巨。我厂在发展茶叶生产、扶助茶农茶工、维护国家经济利益的过程中，曾经解决过不少困难问题，略举数例如下：

1.发展紧茶生产，扶持茶农茶工

佛海是藏销紧茶的重要产地，紧茶是藏胞一日不可缺少的生活必需品，销藏紧茶每年为数可观。

紧茶制作并不复杂。每年冬季将平时收购积存的干青毛茶取出，开灶蒸压后，装入布袋，挤压成心形，然后放置屋角阴凉处约四十天后，布袋发微热40度左右，袋内茶叶则已发酵完毕，解开布袋，取出紧茶，再外包棉纸，即可包装定型。俟季节性马帮到来，便可装驮起运。先到缅甸景栋、岗已，转火车到仰光，搭轮船到印度加尔各答，转运至西藏边境成交。

由于茶农茶工本小力微，往往被当地士绅操纵，从中备受剥削，生计困难，生产的积极性受到束缚。我佛海茶厂为了扩大紧茶生产，扶助茶农茶工自产自销，凡自愿经营紧茶业务的，皆可由我厂出面担保，向当地富滇新银行贷款。制成紧茶后，交由我厂验收，合格者由我厂统一运销，售出后所得的茶款，减除各项费用及开支后，余数全归生产者所有。因此大大地增加了茶农、茶工的收入，改善了边民的生活，提高了生产积极性，从而发展了紧茶的生产。

2.与印度力争豁免紧茶的进口税和过境税

太平洋战争发生以前，印缅本来同属英国殖民统治，印缅两地货物进出均作为在一国国内的运输处理，素来免税。但印缅分治后，紧茶由缅甸仰光运到印度加尔各答登陆，要上进口税和过境税。印度海关人员认为茶叶乃印度特产，进口税很高，转口税也不轻。此次紧茶到达印度，突然要交纳进口税和过境税，佛海厂商毫无思想准备，茫然不知所措。我厂以事关紧茶外销，并危及厂商和茶农茶工的切身利益，立即申请富滇公司，由缪云台董事长商请中国银行外汇业务专员蒋锡赞先生赶赴加尔各答，委托中国驻印领事黄朝琴先生一再向印海关交涉，据理力争：紧茶是专销藏胞的，并不进入印度市场，而且印度并不生产紧茶，紧茶与印茶毫不存在竞争销路问题。最后设法让印英海关人员到仓库中验看紧茶品质，印方人员方知紧茶系用粗老之茶叶压制而成，专为藏民所饮用，并不影响印度的经济利益，这才同意仍按过去惯例免税放行。由于我厂的及时行动，使国家和厂商与茶农茶工免遭经济损失。

3.解决佛海外销茶结汇问题，使产销得以顺利进行

1941年冬，中央政府外汇政策规定：一切外销茶叶所得外汇，必须结汇给中央政府财政部。关于佛海外销茶结汇问题，由滇中茶公司会同佛厂办理。中茶总公司乃令滇中茶公司通令佛海茶厂承办。海关则严格取缔外销茶私运出境。

佛海虽属边城，驻有海关人员，但佛海并非茶叶成交之地。茶叶必须外运，经过滇边打洛关出境后，通过缅印两地运到西藏边境才能成交，才能获得外汇。事实上不可能在佛海结算外汇，佛海根本没有外汇来源。经我厂与海关人员多次协商，采取两全的办法，即茶叶出口时，许可用书面具结运输，先行出口，然后再结算外汇。海关及当地厂商都认为此法可行，并由海关方面通令执行。由于结汇问题得到圆满解决，外销茶叶才能得到贷款，这才保证了茶厂的产销得以顺利进行。

范和钧代表云南中茶公司带领大批人马于1940年到达生产普洱茶最有名的佛海，建立佛海茶厂，费时两年的努力，在日军南侵前，连续日夜加班赶工终于将茶厂完全建妥，第二年又将新厂拆掉，以逃避日军战争，日后成了勐海茶厂历史中的美谈。其实在一开始建厂时，就边建设边生产红茶和普洱紧茶、圆茶，向附近私人茶园收购茶青，制作成“中茶牌”的第一批普洱茶，其中就有“早期红印”“早期绿印”等普洱茶品。根据云南中茶公司的记载，1941年佛海实验茶厂的绿茶销往印度七十八箱，销往缅甸五十六箱，而销往泰国的普洱圆茶有四百六十二担，部分再转运到香港。这批贮存在香港各茶楼的普洱茶品，成为现在台湾地区炙手可热，争先抢购作为典藏的珍品了！

民国初期(1912～1921年)民间所开设的茶庄，目前仍留下茶品的有，同庆号、普庆号、敬昌号、鼎兴号、同昌号、江城号、宋聘号、猛景号、同兴号、福元昌号、可以兴号等茶庄。以上这些茶庄所留下的普洱茶品，有些是珍品，有的是一些茶马市场的普通商品茶，也有的原本是好茶，但已经霉变败坏了，所以虽然年代品牌相同，但品质和价格却相差甚远。好些普洱收藏者，慢慢地将过去所收的老普洱抛售出去，就是因为买多了，也渐渐认识真正好的品质，把过去“买错”的求得出手而解脱罢！

另外，有宋聘号、鸿利号、同昌号、江城号、鸿泰昌号等茶庄，在1949年以后，搬迁到越南、泰国、中国香港等地，继续使用原有品牌生产普洱茶，其中有采用云南省境内普洱茶青的，也有采用越南、缅甸、老挝、泰国等地的茶青作为原料。这些用云南省境外茶青所制成的普洱茶品，习惯通称“边境普洱。”云南省境内跟境外，只是一界线之隔，两边所生产的普洱茶，却有天壤之别。鉴别云南普洱和边境普洱，也是普洱茶品茗者一道高难度功力的考验。

现代

现代普洱茶史话是从后期开始，也就是1950年以后。云南现代的普洱茶在生态上有极大改变，同时制造工序上也有了革新。所以不管在普洱茶品质上或是品饮上都有了不同。很显然的，新普洱茶已经走到另一个方向。这种新的方向将普洱茶带到怎样的境界，有待新普洱茶在未来市场上，呈现何种角色而定。不过无论如何，不是继承传统的“越陈越香”，便是跟着其他一般茶种“新鲜活泼”特色。20世纪50年代开始，云南以“合作社”形态制度，联合云南省的各个私人茶庄，形成一个松散的整体，互相支援，互相调配，有了集体的概念。通过云南省茶叶公司的指导，整体运作营业。1953年私人茶庄只能零售，不准批发，大大缩小了私人茶叶经营范围。1954年实行全国茶叶“统一收购，计划分配”，私人茶庄所经营的茶叶，一律纳入国家计划安排。云南普洱茶从此就“中央掌握，地方保管，统筹分配，合理使用。”为使茶叶纳入国家计划轨道，茶叶生产制造，已经完全由“人民公社”掌管处理，再也没有私人贮存的茶叶。1958年，云南财贸办公室要求各级政府扩大茶叶的生产，鼓足干劲，千方百计完成任务。于是各茶区全民上山，大采茶叶，造成了“一把捋、抹光头、砍树摘茶”，茶园损害严重。茶树都成了“三炷香”的光丫枝，生产量严重下降，老茶树茶园因而毁灭严重，云南省茶园由六十多万亩锐减为一半之数。直到中共中央号召“以后，山坡上要多多开辟茶园”，全省热烈响应，掀起了发展开辟新茶园高潮，要重振以往茶叶生产的繁荣局面。

20世纪60年代初期，为了茶叶大量生产，改种旧茶园，开辟新茶园，引进了扦插栽种技术，培植台地茶山，产量大、人工少，完全配合经济效益。“文化大革命”中“破四旧，抓生产”，一方面把陈老的普洱茶品都扫地出门，红卫兵们曾放火烧掉许多陈茶茶库，而剩下的都卖到海外赚外汇。同时又将“质量验收”的品管制度，视为资本主义的“管、卡、压”加以批判。因此“收购不讲茶叶质量，制造不讲专统方法。”在“文革”后期，云南省茶叶公司完全改变了传统普洱茶生产，取而代之以生产红茶、绿茶和普洱熟茶为主。云南的滇红卖到国际市场赚取外汇，绿茶是在省内销售，而普洱熟茶则销到港澳及东南亚等地华侨社会。目前我们仍然可以买到的1973年昆明茶厂出产的“73厚砖茶”，是一批重发酵而掺加红茶末的普洱砖茶。

1979年中国“改革开放”，走计划一市场路线，以经济挂帅，讲究经济效益。在云南省红河州元阳县召开了“新茶园密植速成高产学术研讨会”，提倡每亩地密植茶树三千至五千株为标准，会议非常成功，政令也十分贯彻，促进了云南省密植茶园发展。从此以后，云南普洱茶的茶园生态，完全改头换面，彻底革新，成了“开拓矮化、台地密植、人工肥料、机械采收、叶薄光面、提高产量”的新茶园。而过去传统旧式“大樟树林、乔木老树、肥芽厚叶、人工采摘、低度产量”的老茶园，不是被改作新茶园，就是丢着任其荒芜慢慢消失。

现在云南省的新茶园开发辟建非常成功，到了2001年全省的茶园达到256万亩，为全国第一，年产茶量为8.16万吨，茶品以绿茶、红茶、普洱茶为主。

云南省的绿茶分为“滇青”和“滇绿”。滇青是传统的茶品，茶青是用日光晒干。滇青可以新鲜饮用，或加以陈放或蒸压成型茶再陈化，称为“陈年普洱”。滇绿是炒青、烘青或蒸青的毛茶，也称作“云南绿茶”。滇绿应新鲜饮用，不宜陈放后发酵之后再饮用。滇青是晒干的，新鲜饮用时有一股日光气味，而且易于伤胃。因此云南省内大都喜欢饮用滇绿，只有些边疆兄弟民族才饮用滇青的新鲜茶。

1940年宜良茶厂以小叶种“宝洪茶”研制成功炒青的“宜良龙井”绿茶。1945年墨江县茶场，仿照日本蒸青的加工方法，研制成蒸青的滇绿茶品。1964年研制成大叶种茶烘青绿茶，由凤庆、勐海、昌宁、临沧、云县等茶厂扩大生产，推开省内销售市场，效果良好。目前云南省内市场，以烘青的绿茶为主，烘青的滇绿茶品已占据云南省绿茶市场大半，代表了云南绿茶。

1939年初冯绍裘到顺宁(凤庆)地方，建了顺宁茶厂，同年范和钧到了佛海(勐海)，又建立了佛海茶厂，同时引进了红茶制造技术，两厂成功地创造“云南红茶”生产，开拓了与祁红同名气的“滇红”市场。1952年引进国外的红碎茶技术，1958年更引进了马歇尔揉茶机和CTC碎茶机，全面推广红碎茶批量生产，并推向国际市场，与印度阿萨姆红茶并驾齐驱。

普洱茶是云南茶叶中传统茶种，从前云南省内的茶叶都称为普洱茶，近期因为有了绿茶和红茶的生产，所以使得普洱茶的名称变得很模糊。到底滇绿和滇红算不算普洱茶?其实在我们品饮普洱茶的圈子里，都习惯把“应用日光晒干的毛茶(青茶)所制造的散茶或型茶，加以陈化，称为普洱茶”。当然，一般的普洱散茶就是滇青毛茶，而普洱型茶是由滇青毛茶，再蒸过加工压成一定的茶型，干燥后而成的。1939年以前云南省还没有滇红或烘青、蒸青的滇绿，所以在此之前，云南省生产的茶叶，基本都是普洱茶品。现在生产的普洱茶品，绝大多数是矮化灌木新茶园的茶青，其品质和特色，比较过去樟林乔木老茶园的普洱茶，有了极大的差异。而且为了迅速销售和马上饮用，1973年以后，普洱茶的制作工序中，增加了一定程度发酵作用，形成了普洱熟茶，我们叫它“新树熟茶”。目前台湾地区的普洱茶文化，是“品老树生茶，而饮新树熟茶”。

下表列出20世纪90年代初云南普洱茶一般茶品：

20世纪90年代初普洱茶外销茶号、包装、规格表

品名　　茶号	规格	包装
普洱散茶	421　75022　79562 76563　78001　79122 75671　78071　88071　79072　76073 77074　89075　78081　88081　79082	纸箱包装， 每件净重25~30千克
	76083　77084　89085　78091　88091 79092　76093　77094　89095　78101 88101　79102　76103　77104　89105 81001　79112　76113　81004　79115	塑料编织袋包装， 每件净重30~40千克
云南沱茶7663	100克X160盒 / 箱	夹板箱，每件净重16千克
	250克X80盒 / 箱	夹板箱，每件净重20千克
云南沱茶7653	100克X160盒 / 箱	纸箱，每件净重16千克
云南七子饼茶7452	357克X42盒 / 箱	纸箱，每件净重15千克
云南七子饼茶7572	357克X84饼 / 篮	竹篮，每件净重30千克
云南七子饼茶8582	357克X84饼 / 篮	竹篮，每件净重30千克
云南七子饼茶8592	357克X84饼 / 篮	竹篮，每件净重30千克
云南七饼茶8653	357克X84饼 / 篮	竹篮，每件净重30千克
云南七子饼茶8663	357克X84饼 / 篮	竹篮，每件净重30千克
云南七子饼茶7542	357克X84饼 / 篮	竹篮，每件净重30千克

云南普洱茶小包装和袋泡茶表

品名　　茶号	规格	包装
云南普洱茶Y562	100克X160盒 / 箱	纸箱，每箱净重16千克
Y671 P901	100克X160盒 / 箱	纸箱，每箱净重16千克
	100克X200盒 / 箱	纸箱，每箱净重20千克
P902	100克X80袋 / 箱	纸箱，（铝塑包装）每箱净重8千克
云南普洱茶P904	500克X45袋	夹板箱，每箱净重22.5千克
普洱茶砖7581	200克X160块 / 箱	纸箱，每箱净重40千克
	250克X130块 / 箱	纸箱，每箱净重32.5千克
新Y562	100克X160盒 / 箱	纸箱，每箱净重16千克
普洱袋泡茶Y801	40克X150盒 / 箱	纸箱，每箱净重6千克
沱茶袋泡茶7643	50克X120盒 / 箱	纸箱，每箱净重6千克

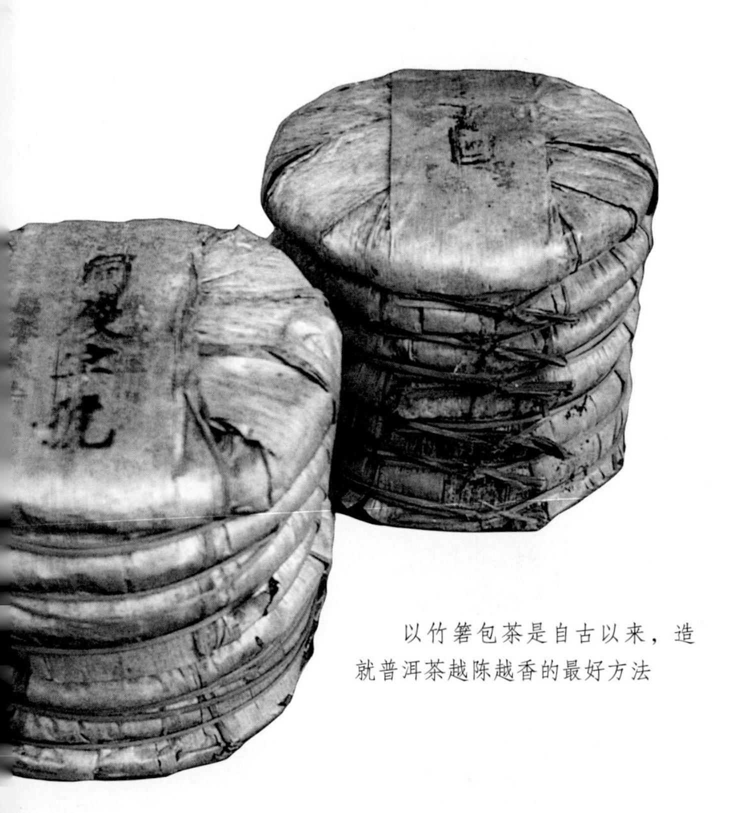

以竹箬包茶是自古以来，造就普洱茶越陈越香的最好方法

以上各茶无论散装大包装、盒装小包装和袋泡茶，均附有中茶牌、吉幸牌或曼飞龙塔商标，并印有中国土产畜产进出口公司云南茶叶分公司字样。另外，近几年大包装塑料编织袋增加，麻袋包装行将退出外销市场。

作者和傣族弟兄在八
百多年最古老栽培型
普洱茶樹前攝影留念

茶 点仓

性不减阳羡

树高二丈

藏之愈久

味愈胜也

陈香篇

前言

这些年来生活品质已经大幅度提高，人们由温饱而讲究美食，更提升到艺术的境界。中国人日常生活中，开门七件事的柴、米、油、盐、酱、醋、茶，其中“茶”首先登上了艺术的殿堂。而且在中华文化领域中，占有一定的地位，茶文化是整体中华文化至为重要的一环。有人说中国茶文化历程，就是一部中华文化发展史。

在数百种茶中，普洱茶是最能代表我国历史文化的产物。一是，普洱茶保有我国古代团茶古意盎然之美的形态。二是，普洱茶除了与一般茶叶重视原料、制作保存外，更讲究其时间年代，具有历史价值意义。三是，普洱茶具有其“越陈越香”独特的风味特色。四是，一旦喜欢上普洱茶，常常品尝，对其他茶汤会有难以入口接受之感。普洱茶真为茶中之茶，也是中国茶历史文化的代表。

驱使普洱茶日益彰显崇高地位的诸多因素中，越陈越香是决定性的条件。越陈越香的“香”字，是广义性的，包括了普洱茶的茶韵、茶香、茶滋、茶气等整体风味。同是普洱茶品，而茶青的老嫩等级，制作成生茶或熟茶，贮放在干仓或湿仓，以及保存时间长短等不同，会形成各自独特的气韵和滋味，使普洱茶具有丰富而多变化的特色。比如最幼嫩的蕊尖散茶与老粗的梗叶紧茶，经过长期的陈化，有着不同的品味艺境。况且同样的一泡普洱茶，从头慢饮细品，前后的水性变化万千，使人着迷。

近些年来中国茶叶界，可以说是已经迈向复兴而开创新时代，整个中国茶市场、茶文化都显得十分活跃。尤其借重新科学技术的研究，有了极迅速发展进步，各类茶种的研究报告文章相继发表，资料日渐充实。但是，大多偏重在配合大众口味推广的资料，而有关普洱茶越陈越香独特风味的文字，很少出现，极可能越陈越香，会变成为普洱茶风味中的一个历史名词了!

茶叶在台湾地区已发展到非常成熟的境界，这种成熟境界现在也已感染了大陆。台湾茶的过去和成功路程，是大陆茶叶界的一个极重要借鉴。乌龙茶登陆台湾百多年以来，发展出两种傲视全球的“文山包种”和“冻顶乌龙”。目前又在继续培育研制“高山茶”，也成效良好。台湾茶所以能发展如此成功，是社会消费形态给予的力量。一是当地政府提倡全民喝茶，二是品茗水准提升，在这两个条件完美结合之下，台湾产生了极灿烂的中国茶文化。在仅仅两百万人的台北市，就有数百家卖茶叶的茶行，有近数百家品茗的茶艺馆， 自然促进今天台湾茶的成功。

大陆的茶文化，应该是正在由全民喝茶，而进入品茗茶艺的阶段，因此，各类茶种必须由普通的大众水平，提升到品茗的高境界。各种茶必须根据其独有特色，发挥其专长，表现其精粹。普洱茶也必然如此，而普洱茶所拥有的越陈越香独特条件，是有足够实力独步世界茶艺界的!

所以云南普洱茶发展的理念与方向，除了维持目前的大众口味之外，更应该研究发展越陈越香的高品位，以配合中国茶文化的新趋势。以下提出四个观点和建议，供作为云南普洱茶再发展越陈越香的参考。

搜集及研究越陈越香

在海内外地区，有关普洱茶越陈越香的文字资料，几乎等于零。连由中国土产畜产进出口公司云南省茶叶分公司所出版《茶的故乡——云南》这册以介绍推广普洱茶为主的官方资料，也只提到“云南大叶种晒青毛茶经过后发酵特殊工艺精制而成，其外形条索粗壮肥大，色泽乌润或褐红，具有滋味醇厚回甘和独特的陈香，是老少皆宜不可多得的保健饮料之一。……云南普洱茶有越陈越香品质越好的特点，可以长期保存饮用……”而已。此外，再也找不到比以上那些抽象文字，说明普洱茶越陈越香的更详细资料了!形成品普洱茶的，没有一个标准依据，只能像瞎子摸象各说各话了。虽然艺术的境界本来就是各说各话的，但必须要在一个共同基础上着眼。目前普洱茶的市场太混乱，同时普洱茶本身的条件以及保存的变数太多，成为大家在杂乱的基础上，杂乱地各说各话。在这种恶性循环之下，带给普洱茶的，将只有负面的影响。要想正面提升普洱茶境界，必须揭示出越陈越香的风味的科学依据，以使广大的普洱茶爱好者，得到一个品茗的基本条件，给制作生产普洱茶的单位，有改进提升的技术依据。

普洱茶原本是一种家族经营事业，就像法国酒一样，是“祖父做孙子卖”的传统工作，今天卖祖父辈做的茶，而现在做的茶将留给孙子们出售，自然随时可以看到越陈越香的产品和品尝到越陈越香的风味。今天在云南看到的、买到的普洱茶，极少有超过二十年的陈老普洱茶品，我们已难以体会到什么是越陈越香了。20世纪30年代末，成立“中国茶叶公司”以来，香港商人向云南收购了很多普洱茶，一部分转售到海外(东南亚各地居多)，大部分留存香港私人茶行。几年前，台湾的茶艺界开始兴起喝普洱茶风气，香港商人从他们仓库中，取出了陈年普洱茶卖到台湾。目前台湾有着许多普洱茶收藏者，拥有相当丰富的越陈越香的老普洱茶。希望在普洱茶原产地的云南，成立类似“越陈越香专门单位”，向海内外搜集陈老的普洱茶，作研究探讨，或者与海内外普洱茶收藏者及专家共同进行研究工作。否则，散落在各方硕果仅存的一些陈年普洱，一旦被喝光或保存不当而腐败，可要再等上几十年后，才会有研究的素材！

制作级次纯正普洱茶

滇青毛茶在制成普洱茶之前，先分为十个级次(或分五级十等)。从早期陈老的普洱茶可以发现，当时非常重视毛茶级次的拼配。比如制作沱茶的毛茶是用四级以前较嫩的；饼茶是以五级至八级中壮叶子制作；紧茶则以九、十级粗老的梗叶制成。不同老嫩级次的普洱，有着不同的气韵滋味特色。对一位品茗者来说，由级次比较单纯所制成的普洱茶，才能品到比较独特的气味。正如吃大锅菜五味杂陈，那只适合狼吞虎咽而已，无从品味的。因此过去的陈老普洱茶，因在茶叶级次来说比较纯正，能完全发挥普洱茶老、中、嫩的品味特色。

20世纪60年代开始，因为“黄印普洱圆茶”的出现，影响了云南中茶牌公司所制普洱茶品，毛茶拼配处方有了很大的改变，就是各型普洱茶的茶青级次合用得比较多。“各种茶按规定的原料拼配比例，出仓筛分。各种茶的原料拼配比例是：七子饼茶（圆茶）原料为晒青3~8级；紧茶、饼茶、普洱方茶原料为晒青3~10级，紧茶再拼进一部分红茶副产品，以增加成品橙红的汤色。原料拼配比例一般不要更动，以保持产品品质稳定。”以下为云南各种普洱毛茶拼配比例表：

	滇青毛茶	绿副	红副	台刈	级外晒青
紧茶	3~4级 5%　5~6级 10% 7~8级 27%　9~10级 40%	2%	4%		10%
饼茶	5~6级 8%　7~8级 20% 9~10级 44%	2%			26%
圆茶（七子饼茶）	3级 5%　4级 10% 5级 15%　6级 20% 7级 25%　8级 25%				
粗茶	9~10级 30%	2%		28	40%

（《制茶学》，第204页——安徽省屯溪茶业学校主编，1979年6月）

现在的普洱茶在每一种型茶中，除了拼配较多级次的毛茶外，为了表面好看，还分成面茶和里茶。在一饼茶中分两层，下层的由里茶做成，上层则用面茶铺上。面茶是以级次较嫩的滇青毛茶为原料，里茶是级次较老的滇青毛茶做成。云南普洱茶的面茶和里茶拼配比例如下：

项目	紧茶	饼茶	方茶	圆茶	沱茶	粗砖
面茶（%）	35	21	24	30	25	
里茶（%）	65	79	76	70	75	100

（《制茶学》，第205页）

从上面一些资料看到粗的茶砖，只用了九级和十级的毛茶，也不做面茶，这是根据过去老式的制作方法，但已掺有红、绿茶副产品。在20世纪70年代中期，云南中茶公司曾制作一批较小，而蒸压较结实的砖茶，且印有7562字号，后来又制作了两批类似型的，一是由勐海茶厂生产的五块一包装；一是云南省农工商公司出品的四块一包装。这几批砖茶的拼配，已经打破粗砖的传统拼配，而用的原料约为三级到八级的毛茶，级次已很复杂了，目前云南普洱茶品中，只有部分的散茶、生沱，其滇青毛茶级次拼配比较单纯，其他大部分都是级次复杂或掺有其他类茶的混合性普洱茶了。

制作日凋生茶普洱茶

依据一般传统，对普洱茶品茗最高的要求条件，是以日凋的青饼，干仓保存为标准。因为在这些条件下所得到的品味，才被认为是普洱真正的“茶性”。在目前还没有研究出更具体、更科学的普洱茶品茗标准之前，茶艺品茗界多遵照这种传统方式来评鉴普洱茶的越陈越香。

经验告诉我们，各种普洱茶因制作的工序不同，结果会有着不同的品味。同样的滇青毛茶，可以制成品味较强的“阳刚性”的，也可以制造成品味较温和的“阴柔性”的普洱茶。但是，刚与柔两者之间，何者比较好，何者比较优，是没有一个正确答案的，因为个人的喜好并没有一定的标准。我们品茗界中，普洱茶的前辈们，约定俗成地有一个不成文的共识，普洱茶应“新鲜自然”为最上好。持着这个理念，他们在普洱茶制作工序上，提示了三个重点，那就是“日凋、生茶、干仓”。这三个工序重点就渐渐成为品茗普洱的指标，或作为评鉴普洱茶极重要的依据了。事实上，一般能依据以上三个重点制成的普洱茶，的确有比较“新鲜自然”的品位。

日凋

陈老普洱茶的制作，在很早以前，云南的普洱茶厂大多是私人性质，规模也不大，特别讲究品质，茶青萎凋大多数是采用日光萎凋。后来云南的茶山茶园收为国有，制作茶叶也集中由公家执行，为配合产量和不受气候影响，茶青由过去多为日光萎凋，改为热风热气萎凋槽萎凋，以求达到经济及推广效益。经过现代科学的研究发现，日光萎凋和热风萎凋，对茶叶的品味确实有不同的效果(《制茶学》，第83页)。而以日光萎凋最为新鲜，留给普洱茶一种别于热风萎凋的品味，品茗高手就把这种特殊品位，看成“新鲜”特色之一。但是，现在大部分的毛茶厂制作普洱茶，却是以热风萎凋为主，而且有完全取代日光萎凋的趋势(《中国茶经》，第212页，上海文化出版社，1992年5月)，甚为可惜。只有少部分兄弟民族私人做的滇青毛茶，采用炒青混合日光式萎凋，但已经为数不多了。

生茶

过去私人制茶时代，都属于家族形态的经营，茶是祖传累积下来的，都是属于“做新茶卖旧茶”的交易，已超脱时间的因素。所以大多是做成青饼(未发酵过的青茶制成)的普洱生茶，留着将来子孙售卖，形成一种“陈性循环”。现今云南普洱茶生产机构，是现代管理促销公司组织，讲求快速获利，再加上品茗普洱者对越陈越香的理解，才正在酝酿而升，尚未形成大量需求。即使有一部分真正懂得品茗者，也因为留有少量已成为文化遗产的陈老普洱，可以暂时满足他们一时的渴求。因此真正高水平的陈年普洱消费市场尚未形成，也难怪当今的普洱茶厂会以生产熟茶的普洱为主，以达到“当天出厂，立即销售，马上饮用”的大众化经济效益。普洱茶本是青茶后发酵茶种，以生茶贮放保存，即使上百年的陈茶都可以泡出新鲜感。做成熟饼(经过渥堆发酵的青茶制成)的普洱熟茶，甚至一出厂就可以冲泡饮用，但已经完全失尽普洱新鲜而有活性的魅力了。自从1973年昆明茶厂研究成功“渥堆发酵”工序以后，云南生产的普洱茶品，除了一部分有减肥功能的生沱和极少数的生茶七子饼外，主要是应付熟茶的消费市场，以“越熟越香”代替了越陈越香的品位，真是“一片熟气”了。

干仓

普洱茶是属于后发酵茶，在后发酵过程中有两种现象，一是曲菌后发酵；一是无菌后发酵。有关后发酵的科学资料，日本学者研究得最多。要形成曲菌后发酵，必须要有充足的水分或湿度。在普洱茶制作工序中的干燥程序，如果没有将普洱茶水分干燥到一定的程度，或者将普洱茶贮存在湿气很重的场所，都会引起曲菌生长，促成曲菌后发酵。如果在干燥程序中将茶中水分干透，同时贮存在湿度低而未引起曲菌生长，是茶叶本身自己在继续发酵，称之为无菌后发酵。曲菌后发酵的普洱茶，俗称“湿仓普洱”；无菌后发酵的普洱茶，俗称“干仓普洱”。干仓普洱与湿仓普洱，有时可以从型茶表面就看出来。但是有些曾经在湿仓，后来改到干仓储存，往往从表面上是不容易分辨出来，但可从冲泡后的叶底识别出来。曲菌后发酵的普洱茶经过了“霉变”，对普洱茶的真性有了极大影响。往往熟茶与湿仓茶，有着极相似的“失真”品味，也有较轻度的，短时间曲菌后发酵茶，经过三五开的冲泡后，可以还原到干仓普洱的特色。以目前的科技水平，要控制干仓的环境并不太困难。有好的干仓，才能贮存出来最自然美好的陈年普洱茶。

保留及栽培乔木茶树

六大茶山的巨型高大樟树，带给普洱茶万古留韵的樟香茶气

“中庭院外，乔松修竹，间以茶树。树皆高三四丈，绝与桂相似，时方采摘，无不架梯升树者。茶味颇佳，炒而后曝，不免黝黑”明代大旅行家徐霞客，于崇祯十二年游云南感通寺，而作游记文章，说明了普洱茶是高大的乔木生长的。

在品茗界有两个名词，一是“老树普洱”；一是“新树普洱”。普洱茶收藏者，都争先恐后地去搜集老树普洱茶。“普洱茶是云南省南部的亚热带地方生长的大叶种，即乔木型茶树的树叶制造，所以涩味比一股小叶种更强”。(《中国茶艺入门》第42页，章学依译)云南的老茶树，不但树木高大，而树龄也长久。西双版纳州内，有高三十二米多，树龄一千七百多年的野生茶树；有高五米多，树龄八百多年人工栽培的茶树王。据说过去云南茶园，每株茶树都已经树龄很老，每过些年后，便将树干砍掉，树根重新再抽出新嫩树干。如此树根越长而越深越广，所生长的茶叶品质越好。约在20世纪50年代末期开始，云南茶山进行矮化栽培，以配合经济效益。旧园老树茶叶产量少，而且采茶工作困难不方便。矮化的新树成台地发展，根虽然浮浅，但可加人工肥料，茶叶量反而多，更可用机械统一作业。由以上粗浅的认识，便能了解到，为什么普洱茶收藏者，会不惜代价地去寻找老树普洱茶了。从思茅坐了五六小时车子到景洪，沿途看到的，是一片欣欣向荣的矮化新树普洱茶园。以我们目前品茗普洱茶的经验所及，新树普洱茶在越陈越香的效果上，是经不起考验的，并已背离越陈越香而远去了!此时此刻，老树普洱与新树普洱，应该是鱼与熊掌力求兼得才是。除了发展新树茶园之外，同时保留现有剩余的老茶树，以及规划栽种培育新的老茶树，才能延续中国茶文化的越陈越香的历史!

结语

在台湾有一句现代名言“今天不做，明天就会后悔”。将这句名言借用到这里，延续普洱茶越陈越香的生命，来挽回云南普洱茶的魅力，将普洱茶推向中国茶文化执牛耳地位，再恰当不过了!基于以上种种，在此迫切提出了以上浅见，以作为力行云南普洱茶越陈越香研究工作的参考。

明太祖从牛背上跳了下来，首先废了团茶，大家跟着他喝散茶，也确实做到了革新从简。可是从另一个角度看来，中国茶文化在唐宋的鼎盛，因而松散了下来。茶盅里倒满的，的确朴素清澈很多。然而，中国茶的躯体，赤裸裸地全部透明，更找不到丝毫叠着岁月的皱纹，缺少了团茶艺术生命。普洱茶品的越陈越香，是硕果仅存的，能教人自动翻阅历史，更能将历史文化滋养到现代人的肉体内。唐宋辉煌的茶事，随着陆羽的《茶经》，跨越了千百年时空之后，恐怕今天只能借着普洱茶越陈越香而再度发扬其精神，陆羽先生地下有灵，他老人家必会一则喜，一则憾。喜的是他一手采之、蒸之、捣之、拍之、焙之、穿之、封之，茶已干矣。现在总算有人起之、饮之、越陈越香之；遗憾的是他一手写的《茶经》，撰述了全国各地名茶，唯独漏列了最能继承他衣钵的云南普洱茶。如果我们仍然继续轻忽普洱茶珍贵的特色，总有一天，普洱茶的越陈越香，将永远成为历史的回响，能不让人扼腕乎!

(本章论文曾于1993年4月4日，在云南省思茅地区所举办的“中国普洱茶国际学术研讨会”中发表)

宜兴“文革”蜂巢壶，是大壶焖瀹普洱茶最理想的茶具

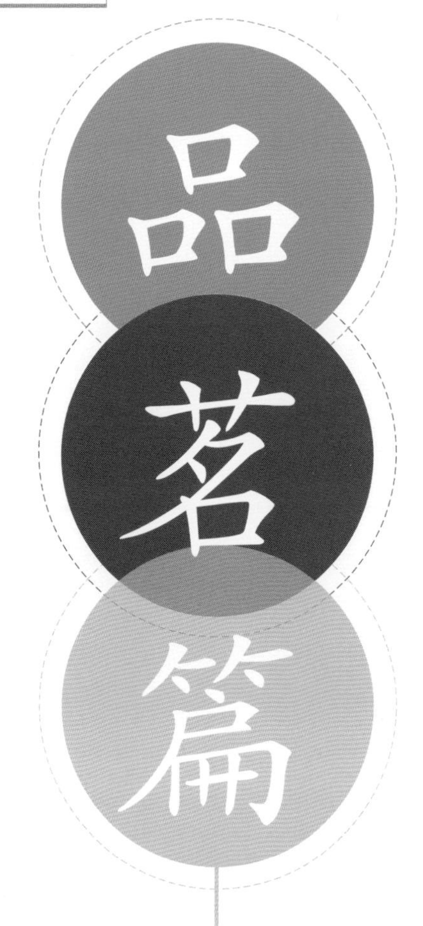

真 新鲜自然

美 陈香滋气

普洱茶的市场已逐渐形成气候，早先大家都在怀疑普洱茶的卫生安全问题，到了现在大家都已普遍肯定了普洱茶解渴及其特殊的医疗功能。其实，普洱茶除了解渴、疗效之外，更有着魅力十足的品茗艺境。因此，普洱茶文化应该是提升到品茗艺术境界的时候了!

本人出生在马来西亚的广西家庭，自小随家人喝普洱茶。成长过程中，在长辈们的耳濡目染下，对普洱茶有了粗浅认识，更有了一份浓厚的感情。回到台湾求学后，又受到台湾精致茶艺文化熏陶和启示，所以决心从普洱茶走出一条品茗道路。这些年来，在非常缺乏资料的环境下，及杂乱的普洱茶产品当中，只能在有限而狭小的普洱茶市场摸索。到过香港的次数已记不清了，曾经数度去过西双版纳，都是为了求得普洱茶品茗资讯而奔走。终于得到了一个结论：“品其真、享其美”。真，新鲜自然，美，陈香滋气，这就是本人品茗普洱茶一贯的准绳。

普洱茶的真性

不熟不霉是为真普洱

要想进入普洱茶的品茗艺境，首先必须知道什么是“真性普洱”。本来在艺术境界中，无所谓真与假，只是出自直觉而感性的情怀。然而，这种感性情怀，必须是建立在一个共同基础上，这个共同基础的标准就是真。真，其性也，物之真实性。求普洱茶的真，其先决条件必须是好的普洱茶青。自古以来出自六大茶山茶青为优良茶品，而且以易武茶山乔木最胜。其次勐海、凤山、勐库、思普、江城、勐弄等茶区，都有好的普洱茶品。有了良好普洱茶青，要求得普洱茶真性，可以从两方面去认知，一是普洱茶的生，也就是其制造过程；二是普洱茶的长，也就是其陈化过程。能够保有真性的普洱茶品，就是好普洱茶!

普洱茶的新鲜

(一)真普洱的生，其制作工序必须是新鲜

普洱茶的成型过程，也就是制作工序，必须保持新鲜。越是新鲜的食物，越能表现它的真性，是食物加工最基本的理念。普洱茶在制作工序上，也必须要求能保持新鲜，以得到它的真性。

新鲜是从生茶青饼(依传统说法，未经过发酵工序的叫生茶，生茶茶青的普洱茶为青饼)得来，普洱茶是否新鲜，首先要看是否是以生茶方式制作。在近期(1970年)以前的普洱茶制作，都以生茶工序处理，将采来的茶青经过萎凋、揉捻、晒干、蒸压成型而加以干燥，完成制造工作后，叫青饼普洱茶。由生茶制作工序所生产的普洱茶，才能保持最新鲜。在老的产品中，偶尔也曾出现熟茶的茶品，那只是属于失败的工序。

打从近期开始，出现了大量的普洱熟茶。1973年昆明茶厂研究成功潮水渥堆发酵“快速陈化”，也就是普洱熟茶制造方法。这些熟茶在制作过程中，于蒸压工序前，将晒干的毛茶加水渥堆，促成高度发酵。根据资料显示，一百千克毛茶加进四十千克水，堆积在室内三四天或一星期之久，使茶叶转为褐色，“粗青气退减”。最后发酵好的毛茶再加工蒸压成普洱型茶。普洱熟茶在经过重而全发酵过程，已经失去了真性，比如做成的豆腐乳，远离了豆腐的原始真性了。熟茶因经过渥堆发酵，而粗青气褪减的变化，正是失去普洱茶真性的关键所在，也就是失去了新鲜的品位。只有生茶青饼普洱才能保有最新鲜品位，也就是最能保有普洱茶的真性。

（二）如何品出新鲜普洱

要品出新鲜的普洱茶，必须先能辨别生茶和熟茶。普洱生茶和熟茶的辨别，可以从香气、汤色和叶底来找到答案。

1. 从香气辨别

普洱熟茶因为经过渥堆，会产生一股“熟味”一般称之为“普香”。一般只有十年陈期以内的干仓熟茶(依传统说法，未曾霉变过的茶品为干仓茶)，可以从型茶表面闻到一股熟茶味。在十年至二十年左右，那股表面熟茶味已经消失，则可从茶汤中感觉出有一股“梅子香”，接着有“枣香”或“参香”，最后变成“沉香”。1973年间由紧茶的材料改做成的第一批熟砖茶，称之为“73厚砖茶”，至今已经三十多年了，无论从型茶或茶汤，都没有熟味感觉，却有一股“沉香”。沉香是由熟味，经过长期干仓陈化最后转变过来最好的熟茶茶香。普香、梅子香、枣香、参香或沉香是最直接而有效分辨生茶和熟茶的方法之一。

2. 从汤色辨别

干仓的普洱生茶茶汤是栗红色，接近重火乌龙茶汤色，即使陈年的生茶，比如已经有八九十年历史的龙马牌同庆老号普洱茶，它的茶汤颜色只略比五十年的红印普洱圆茶的茶汤深一些。而熟茶的茶汤颜色是暗栗色，甚至接近黑色。所以在现代的茶种分类中，将普洱茶列为黑茶类，是和普洱熟茶的汤色有关的。

3. 从叶底辨别

干仓的普洱生茶叶底呈现栗色至深栗色，与台湾的东方美人茶叶底颜色很相似。叶条质地饱满柔软，充满新鲜感。一泡同庆老号普洱茶的叶底，可以显现出百年前那种新鲜活力。普洱熟茶的叶底多半呈现暗栗或黑色，叶条质地干瘦老硬。如果是发酵比较重的，会有明显炭化，像被烈火烧烤过。有些较老的叶子，叶面破裂，叶脉一根根分离开，有如将干叶子长期泡在水中那种碎烂的样子。但是，有些熟茶若渥堆时间不长，发酵程度不重，叶底也会非常接近生茶叶底。反之，也有些生茶在制作工序中，譬如茶青揉捻后，无法立即干燥，延误了较长时间，叶底也会呈现深褐色，汤色也会比较浓而暗，跟只是轻度发酵渥堆过的熟茶是一样的。

早期有些茶庄，如勐景茶庄、鼎兴茶庄所生产的紧茶，其中有的是熟茶，就是因为在生茶工序中，延误了时间而形成熟的紧茶。这些轻度发酵的普洱生茶，经过较长时间的存放，熟味已消失而回归到极似普洱生茶的品位，但是普洱生茶原有那种新鲜感，已受到一定程度的损害了。

生普洱、熟普洱辨别简表

类别	香气	汤色	叶底
普洱生茶	普洱香	栗~深红	栗~深栗 / 饱满柔软
普洱熟茶	熟味、沉香	暗栗~黑	暗栗~黑 / 干瘦老硬

普洱茶的自然

真普洱的长，其生命历程必须是自然

普洱茶的生命历程，这里是就狭义而言，指普洱茶成型后开始，那段漫长的陈化过程。普洱茶与其他许多茶类不同的是，它必须要有一段贮存的历史过程。自然走过的历史，才能表露其真实性。普洱茶必须自然地从历史岁月走出来，才能展现它的真实性。

能够认知而鉴别普洱茶的生与长，才有足够的能力，随心所欲地去品尝普洱茶。虽然各人所拥有的感性情怀不同，但普洱茶的真性却只有一个。比方我们观看红色时，由于各人生理上的差异，而对红色的感受有所不同，却都有这是红色的共识。我们的视觉、味觉和嗅觉标准，虽然有着很大的差异，也影响了对普洱茶的感受，然而大家已经能从普洱茶得到一个稳定而真实的自我标准，也就应该有了品评普洱茶的条件和能力了!

自然，从干仓陈放得来

上好的普洱茶是生产在中国云南省，那里是属于大叶茶种，茶叶大而肥厚，所含的成分最为浓烈。所以在云南制造出来的青生普洱茶，因为茶性太过浓烈，有如野生茶种一样，无法马上饮用，必须要贮放多年促成后发酵，等到茶性转化温顺后才能冲泡饮用，所以贮存陈化的工序技术，也就成为普洱茶的生命历程的一部分。

有关普洱茶陈贮后发酵的研究资料非常少，曾有日本学者作过一些片断的研究，但仍然太粗浅，而且有挂一漏万之憾。譬如，他们认为普洱茶的后发酵都是由曲菌催化的作用，显然都把普洱茶一律看成为曲菌霉变的茶了。因此，目前要分析探讨普洱茶，必须要借重西方学者曾经做过的红茶研究资料，以及台湾地区半熟乌龙茶的研究文献了。

后发酵过程是黑茶类的特色，如茯砖、黑砖、六堡茶以及普洱茶等，都以后发酵来发挥其茶性，增加其品茗价值感。而普洱茶的后发酵过程又分为干仓与湿仓，更形成普洱茶的品位多变且趣味丰富。如果只是站在喜欢的立场，以是否好喝的角度着眼，根本不必谈生茶、熟茶，或者干仓、湿仓的问题，只要对上了个人的口味，只要喝了感觉舒服，便是好茶。但是，如果论及品茗艺境，那就必以得到普洱茶的真性为标准，且必须以生茶中的干仓普洱茶为唯一的选择了!生茶在前文已详述，干仓陈化可以提供一个理想环境，进行自然的后发酵功能，确保并发挥普洱茶的完美真性!

在学理上，普洱茶后发酵的化学作用，就是茶叶内部多酚类化合物的氧化作用。这种氧化过程，会有三种作用情况：一是自动氧化作用；二是酶性氧化作用；三是曲菌氧化作用。虽然这三种氧化的功效，会破坏多酚类化合物，使滋味变淡，色泽转暗，但是这三种氧化作用过程是直接影响普洱茶的陈化速度、茶型外观以及色泽品味的主要因素。在陈化历程中，氧化过程最慢的，是自动氧化作用；其次为酶性氧化作用；氧化过程最快速的，是曲菌氧化作用。根据初步了解，普洱茶后发酵情形只有两种：一是自动氧化和酶性氧化作用，两者混合进行；另一是自动、酶性及曲菌氧化作用，三者混合进行。前者的后发酵过程，我们叫它为“干仓”后发酵；后者的后发酵过程，称为“湿仓”后发酵。根据一般知识，空气中的相对湿度在百分之八十以上者，容易造成曲菌的生长。这种会促进产生曲菌的环境，我们就叫它为湿仓；相反的，如果因为空气过于干燥，曲菌无法产生的环境，称它为干仓。湿仓后发酵就是有曲菌氧化的后发酵，所以湿仓后发酵，能促进普洱茶快速地陈化。

干仓后发酵的自动氧化和酶性氧化，属普洱茶内部成分的变化。但茶叶经高温蒸过或贮放了一段时间后，酵素会失去催化功能，所以大部分的普洱茶干仓后发酵，只是自动氧化过程。湿仓后发酵，除了干仓后发酵的作用外，增加了外在曲菌氧化作用。曲菌的催促氧化，是曲菌寄生在茶叶上，对茶叶纤维的破坏性很强，因而破坏了茶叶的组织，并且也会留下霉菌的残留物，影响茶叶成分极大。湿仓的后发酵已经大大破坏及改变了茶叶原有的本质，干仓的后发酵，对普洱茶本质真性的保存就理想多了。所以干仓储放最适合普洱茶陈化的需要，是属于自然陈化过程。“茶之味清，而性易移。藏法喜燥而恶冷湿，喜清凉而恶蒸郁，喜清独而忌香臭”（《茶笺》明·闻龙著）。

干仓后发酵，也称之为自然陈化普洱茶。湿仓后发酵，通常称之为霉变陈化普洱茶。形成湿仓茶的主要原因，是一些商人为了使新鲜的普洱生茶能及早饮用，而立即销售获利。一般在市面上看到的湿仓茶，绝大多数是由生茶形成的，极少看到有熟茶的湿仓茶。所以做成熟茶的原因，也就是为了能够提前饮用，马上出售，与湿仓茶的目的相同。近来有一些普洱茶品，是做成轻度发酵熟茶，而后再加以湿仓陈化，其茶性的确比较接近真性特色。

如何品出干仓普洱

分辨干仓与湿仓普洱茶的方法，可以从外形、气味、汤色和叶底看出来。

1. 从外形辨别

干仓普洱茶的条索结实、颜色鲜润、油面光泽，充分表现了茶叶的活力感；湿仓普洱茶的条索松脱、颜色暗淡、粗糙黑绿且茶叶表面或夹层留有绿霉。20世纪50年代的圆茶铁饼(圆铁)，本来都制成生茶出厂，因为蒸压时采用改良的金属压模，做出型茶太过结实，不利于快速陈化。有些商人便将它以湿仓处理，以利近期销售。市面上可以看到有干仓圆铁和湿仓圆铁普洱，即可以用上述方法辨别出来。

2. 从气味辨别

一般正在发霉不久的，或发了霉又加密封，一打开时，从茶品中会发出一股霉味。如果发霉很久了，如圆铁普洱茶于二三十年前霉变过，后移到干仓，则型茶本身已经闻不出霉味来，但在茶汤中仍然有一股扑鼻的霉味。如果发霉超过二三十年，茶汤中的霉味会很弱，甚至闻不出来了。如20世纪60年代的那批七子铁饼普洱茶，茶型非常结实，出厂时未能干透，夹层内起过霉变，距离现今已经三十年以上，茶汤中并没有霉味，但已经形成轻微的“泥味”，喝入口腔会有轻微针刺的感觉。

3. 从汤色辨别

干仓生茶的汤色是栗红色，陈期在七八十年以上的，略转深栗色。如干仓陈化的圆铁普洱茶，茶汤呈鲜栗红色，是典型干仓生茶的汤色；而同庆老号普洱茶，已经转向深栗色了。湿仓茶的茶汤，像熟茶一样呈暗栗色，甚至变成黑色。七子铁饼普洱茶，茶汤呈现暗栗色，是典型湿仓茶的汤色。

4. 从叶底辨别

干仓普洱茶的叶底是栗黄色至深栗色，质地活性柔软，其生茶的叶底，在干仓长期陈化过程中，颜色变化不大。我们常常称赞将近百年的同庆老号普洱茶，将当年的活力泡出来，主要也是赞赏它的叶底呈现出新鲜栗色，使人感觉有如新鲜东方美人茶的叶底，将我们的情怀带回百年前易武大茶山那种心旷神怡。湿仓普洱茶的叶底，是暗栗色或是黑色。湿仓生茶和熟茶的叶底颜色很相似，但熟茶叶底质地是干硬的，而湿仓生茶叶底质地则保持柔软，且富于弹性。

干仓普洱·湿仓普洱辨别简表

类别	干仓茶	湿仓茶
外形	结实光泽	松脱暗淡
香气	原普洱茶香	霉味/泥味
汤色	栗黄~深栗	暗栗~黑
叶底	栗黄~深栗（活性柔软）	暗栗~黑（柔软）

新鲜自然是好普洱茶的基本条件，只有在这个基本条件之下，才能找到普洱茶的真实性，唯有找到普洱茶的真性，才可能品出它的艺境。同样的，了解其真性的存在，才会致力制作普洱生茶，并致力以漫长岁月缓慢地陈化，形成普洱茶最宝贵的伦理文化，所谓“祖父做孙子卖”的良性循环。如此，将来市面上才永远保持有陈年普洱茶，让世世代代都能享受新鲜自然的真普洱茶。

普洱茶的陈韵

“茶。点苍。树高二丈。

性不减阳羡。藏之愈久。味愈胜也。”

《嘉靖大理府宅》 李元阳著

从客观的角度，真就是美。凡事与物的真实性，就是它的最美。然而，人是生活在感情世界里，参与情感而引起了主观，所以对审美的能力，往往是落在客观的真性和主观的感性之间，取得一个平衡点上。由于这个道理，真实性虽不一定就是美，但美必定在真实性的前提下所产生。构成普洱茶的美，同样是客观的真性和主观的感性交会而成。前文曾对普洱茶的真实性，就是从新鲜自然中品其真，有了详细的说明。而体认普洱茶所形成的感性，也就是享其美，主要在于“陈香滋气”。

普洱茶的品茗，首先是要求具备真性的干仓普洱生茶，再从陈香滋气品尝其滋味，鉴赏其优美。在陈香滋气的品鉴过程中，多习惯顺从茶韵、茶香、甘甜、生津，而后茶气鼓荡的顺序。下文就此顺序表达一些意见。

陈韵在自然，清雅淡然成历史

越陈越香是形容普洱茶最切题的一句名言，美普洱茶和美酒一样，都必须要有一段漫长的陈化时间，尤其是普洱茶更有“祖父做孙子卖”的美誉。普洱茶的历史已无明确的考据，目前一般都以檀萃的《滇海虞衡志》中认为“西蕃之用普茶已自唐时”为依据。现在所留下来最陈旧的，是北京故宫中的一个人头普洱贡茶(金瓜贡茶)，约有两百年的历史。而在市面上可以买到的，有些茶商标明百年普洱，多半都是没有根据而自封的年号。真正有据可凭，而在市面流通可以买到最老的，应该是福元昌号普洱圆茶了，其年代大约有一百年陈期。现在可知道其他早期茶庄，如福元昌号、同兴号、 鼎兴号、宋聘号、敬昌号、江城号、勐景号、同昌号、可以兴号等茶庄，都多少留下一些陈年老普洱茶。除了百年以上的福元昌号圆茶外，其他多半只是民国初年以后的产品，陈韵大多只在六七十年程度。

常常听到坊间对普洱茶有不同的说法，有说普洱茶味道太过强烈，也有说普洱茶味道最为温顺；有说普洱茶会刮油伤胃，也有说普洱茶是暖胃益寿。乍听之下这些说法是相互矛盾，各说各话。其实这些说法都是对的，只是他们所品到的是陈期不同的普洱茶，因而造成相对矛盾的感觉而已。说是强烈伤胃的，喝的必定是新茶；而说是温顺暖胃的，喝的必定是老茶。像是新沱茶，尤其是云南下关茶厂出产的甲级、乙级生沱茶，茶性最为刚烈，在欧洲国家市场销路特别好，一般都是摆在药店出售，作为刮油减肥灵药，更得过多次食品金牌奖。而同时却有一批陈期已经五六十年的末代紧茶，如猛景茶庄的产品，茶性极为温顺柔和，没有一点儿强劲味觉，更有中医师曾以万元一个收购，作为温和促化良药。

以品茗的角度而论，普洱茶是越陈越香，都以最老的陈茶为最爱。目前极少有人会去品茗新普洱茶，我们盼望云南的新普洱茶，能早日提升而走入品茗的境界。陈化是使茶叶中强烈的成分，如多酚类等进行氧化作用，去掉不能被我们的感官所接受的，强烈苦涩野性，转化成为温顺活泼的柔和。在贮放转化过程中，为了保持清纯的普洱茶真性，就必须需考虑具备以下条件。

陈韵在自然，清雅淡然成历史

（一）必须在干仓陈化

前文已有详细说明，干仓不会发霉，转化较为缓慢，但能保持普洱茶的真性。“茶喜蒻叶而畏香药，喜温燥而忌冷湿”（《茶录》宋 · 蔡襄著）。

（二）温度不可骤然变化

仓内温度如果过高，温差变化太突然，将会影响茶汤水性给予口感的活泼性，甚至仓内温度太高，形成闷热，会将原本的生茶，转变为普洱熟茶，此种情形在香港的茶库时有发生。

（三）避免杂味感染

茶叶最会吸收杂气异味。洒一把干燥茶叶，会吸清空气中的异味。因此，也应力求贮放环境清洁无杂味。“茶喜蒻叶而畏香药”(宋·蔡襄语)，“喜清凉而恶蒸郁，喜清独而忌香臭”(明·闻龙语)；“茶性淫，易于染著，无论腥秽有气之物，不得与之近，即名香亦不宜相襟”(《茶解》明·罗廪)。

（四）利用竹箬包装

“茶须筑实，仍用厚箬填紧，瓮口再加以箬，以真皮纸包之”。(《茶疏》明·许次纾)这种传统包装的质料和方式，有助于普洱茶于后发酵时，过滤杂味以确保清纯的功效。常有人将已打开了的老茶，改用较低劣品质的塑胶纸重包，时间一久，就会发出异味，直接破坏了普洱茶品味。

（五）注意茶龄寿命

普洱茶陈化年代寿命，到底是六十年，或一百年，或数百年，没有定论资料，往往只靠品茗者直觉研判其陈化的程度。如福元昌、同庆老号普洱圆茶陈化感已到了最高点，必须加以密封贮存，以免继续快速后发酵，造成茶性逐渐消失，品味衰退败坏。故宫的金瓜贡茶，陈期已一两百年，其品味是“汤有色，但茶味陈化、淡薄。”

陈韵反映了历史的深度，但必须是在清雅、淡然的环境中度化过来的。品茗普洱茶是将普洱茶的生命，在淡泊宁静中转化出来的历史陈韵，注入我们的身体血脉中，与人类生命融为一体。

陈韵的美在哪里

陈化韵味的美在哪里?陈韵是历史最具体的指标，“人生从历史走过来的，也将从历史走了出去”。

历史是生命的累积，是时间的融汇。历史为人类编织出感情的力量。陈韵就像音乐中的鼓声，深深震撼着人类的心脏。陈韵给予人类由震撼而产生珍惜，并转为美感，且越是古老的感觉越美。普洱茶的陈韵给予品茗者的震撼是越陈越香(香，从广义为美)，陈韵已变为人类莫名的美感，几乎已成了天生俱来的本能。

如何品出普洱的陈韵

陈韵是一种经过陈化后，所产生出来的韵味，比如我们观看一片颜色，直觉会告诉我们，那是新鲜色感，或是陈旧的感觉。在普洱茶领域中，也一样可以品尝出它的陈韵。但如果要享受陈韵所给予的感性美，必须先具备一定的知识和经验。

品味普洱茶陈韵的知识和经验，是一门独有的学问，无法从品尝其他茶种的经验移转得来，所以显得格外困难而深奥。陈韵没有一个具体标准，完全靠经验的感觉。品酒师手中并没有酒的年份陈化标准，靠酒含在口中，减轻呼吸，凝神静气，来感觉酒的陈韵年期。品味普洱茶陈韵也一样，全靠品茗者的口感经验，无法以记录资料表达，也无法举例而联想转移得来。每一种食物的陈化历程，都会有其层次性的独特口感，这些独特口感，就是陈化韵味。学习认识而体会普洱茶陈韵最好的方法，也是最笨的方法，就是不断地品尝，最好有前辈从旁提示指导，从不同年代陈期的茶汤中，去寻找不同年份的陈韵感觉。陈韵只能体会不能言传，如果一定要用言语文字表达，只能作笼统概括的说法，也只限有经验者听了才会引起一些共鸣。比如说太青了，不够旧；或者说太新了，不够老；或者说太燥了，不够陈。其实从青旧、新老、燥陈的排列，已初步表明了一些陈韵的层次概念。如果能从陈韵引起共鸣、领会，激起思古之幽情，引发历史之震撼，那么越是陈旧的普洱茶就越能激起更强烈美感震撼，也就越陈越香了!从下列的表格中，可以简单认识普洱茶陈韵的分类及茶品：

普洱茶陈韵的分类（以20世纪90年代为标准）

韵	青	新	旧	老	陈	古
年	1~5	5~20	20~40	40~60	60~100	100以前
期	后期	后期	早期	先期	远期	
代	90~70		70~50	50~30	30~清末	清末以前
茶品	“文革”砖茶 73砖茶 白针金莲 红带饼茶 七子黄印 普洱方茶 广南贡茶 7562砖茶 农工商砖 七子饼茶 8562砖茶		红印圆茶 红莲圆茶 圆茶铁饼 红心圆茶 绿印圆茶 黄印圆茶 福禄贡茶 思普贡茗 广云贡饼 七子铁饼 红印沱茶	普庆圆茶 同兴圆茶 可以兴砖 敬昌圆茶 江城圆茶 杨聘圆茶 同昌圆茶 同庆圆茶 红印圆茶	福元昌号 同庆老号 宋聘圆茶 末代紧茶 车顺圆茶 鼎兴圆茶 红芝圆茶 鸿昌圆茶	金瓜贡茶 同治女儿茶

一位新进的品茗普洱茶者，在学习陈韵时，首先要将陈韵、老味(熟普洱茶经长期陈化后所形成的沉木气味)和霉味分出来。以粗略的感官反应来说，这三方面的感觉几乎都一样。有商人将熟茶加以湿仓的催化，使外形显得十分古老且味觉好像十分陈旧，所以标上了百年普洱或远古普洱，以吸引消费者。反正一般的普洱茶爱好者，对真正的陈韵、老味或霉味，没有特别的鉴别功力，而混为一谈，大家也都接受当做好普洱茶来品尝了。真正的陈韵与老味或霉味是有区别的，一旦在这三者之间品尝出其差异时，自然就会独钟于陈韵，而对其他的茶汤却产生出强烈的抗拒和反感。对陈韵，从认知的层面，进而有了好感，也渐渐形成了美感，这也就是养成品茗普洱茶陈韵的过程和层次了。对陈韵的鉴赏是不断地品尝和体会，从经验中自我领悟出来的!

在数百种中国茶类中，普洱茶是最能代表我国文化和艺术的茶品。它除了有古老传统团茶的古朴粗糙外形，最可贵是普洱茶有着那份古意盎然的陈韵。在陈韵中找到了蜕变中的历程，散发出那股永恒力量的美感，在普洱茶品茗者生命中交会着，产生了思古幽情的光和热!

普洱茶的茶香

这里所介绍的普洱茶茶香，是以大叶种乔木普洱茶品为主。云南普洱茶还有其他，如小叶种、变种的中叶种和灌木的普洱茶品等。倚邦茶区和勐海茶区都有小叶种茶园，尤其倚邦茶区向来是以小叶种普洱茶茶品，闻名于全国，且最受清朝宫廷的喜爱。

茶香留新鲜，淡荷芳兰野樟飘

香是品茗中最表面性的鉴赏，品味香纯用嗅觉感官，也是最直接而且本能所及的。一般对香的品味接受之后，会直接产生那种愉快，且飘飘然的反应而感到满足。时下的品茗风气多受到了过度重视香的品味主使，促使一般茶叶制作的发展方向，太过着重香的要求，渐渐失尽原有传统的那种浑厚而深度的韵味，只求表面茶香的飘浮华丽美。

普洱茶品茗对香的处理和其他茶种有所不同，是把香当做一种暗示，透过特定的某种香，告知且证明该种茶叶有了特定的条件。由于对这些条件的认知和认同而产生美感，对香的本身品味就不是那么重要了。

其实，普洱茶是长期后发酵茶种，也是全发酵、重发酵茶，其所能留下的真性原香，多半是非常薄弱的，然而这些薄弱原香，在普洱茶品茗者的心目中占有十分重要的地位。这不是因为香带来了直接的美感，而是由香提供了暗示功能，透过普洱茶原香的暗示，告知其茶青的级次，其制作工序是否新鲜，其贮存过程是否自然，也就是透露了普洱茶的真性。由于知道了所认同的普洱茶真性，而产生一种共鸣，一种美感的共鸣，因而也得到了美的感性满足。这种由香而间接所形成的美感共鸣，是属于较“深度性”的鉴赏。比如我们听了一串中国古琴所发出的音符，不懂者听了总觉得像在弹棉被的声音；有修养者听了，他了解指法运用的难度，操琴者心境感染，琴床的品质和古韵，再给予聆听者一个完整而综合的暗示，使他有了美的感性共鸣。普洱茶的品茗鉴赏，也像欣赏古琴一样，而显得那么有内容、有学问，也因而曲高和寡了!

普洱茶的香在哪里

有人到过云南一趟回来，就在媒体上发表高见，说最好的普洱茶是青绿沱茶，理由是沱茶用最细嫩的普洱毛茶做成。这位茶艺界专家，犯了一个不可原谅的错误，他是以某一种茶的条件，套到所有的中国茶种上，那是最典型的张冠李戴了。普洱茶通常分为五等十一级(或十级)，第一级是最细嫩的，第十级就是最粗老的，而细嫩与粗老并非代表品质的优劣或好坏，只是区分茶叶的老嫩级次而已。不同老嫩级次的普洱茶叶，所泡出的茶汤有不同的品味，而且各具其特色，不能相比较，只能说各人有所好而已!而且，普洱茶树种类有多种，茶区大环境也各异，茶香因而变化多样。品茗界多以六大茶山易武山，大叶种乔木普洱茶为样本。以下就从这个方向，将普洱茶的等次和茶香种类列表于下：

普洱茶香列表

樟气	有樟					无樟
类别	莲荷	芳兰	青红	野红	淡红	矮化
等次	1~2	2~4	4~6	6~8	8~10	1~2
茶香	荷香	兰香	青樟香	野樟香	淡樟香	荷香

从以上分类，可以发现六种普洱茶香。其实在这些茶香中，只有荷香、兰香、樟香三大类而已。这些类别茶香，都是新鲜普洱茶青中，众多种香味中的一种，也都是普洱茶青的原香。这些普洱茶的荷香、兰香、樟香，都必须是经过新鲜的制作工序和自然的贮存过程，才能保留下来的。尤其兰香和樟香，必须是云南省旧茶园乔木茶树与樟树混生会更加。至于目前矮化灌木的新茶园，所生产的普洱茶香，就只有荷香和青香茶香。

如何品尝普洱茶的香

普洱茶的荷香

“毛尖即雨前所采者，不作团，味淡香如荷，新色嫩绿可爱。芽茶较毛尖稍壮……女儿茶亦芽茶之类。”

(《滇南新语》清 · 张泓著)

“不作团”，指的是不做成型的散茶。

“味淡香如荷”，雨前毛尖非常幼嫩，茶汤很清淡，有莲荷香气。

“芽茶较茶尖稍壮，女儿茶亦芽茶之类”。以目前普洱茶等级分类，芽茶亦女儿茶为一级茶青，但新鲜的一级幼嫩普洱芽茶，是品不到荷香，取而代之是强烈青叶香气。目前云南省新开发了广大的现代茶园，以无性扦插栽培，造就灌木矮化茶园，以生产滇绿茶为主。云南大叶种普洱茶，虽然已经是矮化密植，但是一级嫩叶绿茶仍有一股强烈青叶香，近乎糯米香。如勐海的“云海白毫”为最嫩的滇绿绿茶，也都是味重香浓，不像长江南北的小叶种绿茶，茶汤清淡，茶香飘雅。如果是过去那种乔木大茶树的滇绿绿茶，品味必然是更加猛烈。

云南大叶种普洱茶青，都有一股强烈青叶香，经过适当的陈化后发酵，幼嫩的芽茶去掉浓烈青叶香，自然而留下淡淡荷香。目前市面可买到的有“白针金莲”普洱散茶，就是有清淡荷香的。荷香所以能够从青绿浓香中留下来，必须要有良好的条件配合，而荷香的持续保存，更需要妥善的处理。荷香是属于飘荡茶香，从刚打开的密封的荷香普洱茶叶中，可以闻到一股荷香轻飘。

荷香是来自幼嫩的普洱茶青，一般也都是不作团的散茶，冲泡之前在赏茶时，可以从茶叶闻到淡淡荷香。冲泡功夫可直接影响普洱茶的荷香，宜用清新的好水冲泡，较软性水质最理想。冲水时水温应沸热，以快冲速倒方式比较适宜，与冲泡半熟乌龙茶方法雷同。茶汤喝入口腔中，稍停留片刻，将喉头前的上颚空开，一股荷香经由上颚进入鼻腔中，在嗅觉感应下，散发淡然荷香，清雅娓娓，在叙说着普洱茶中浪漫情韵，激起了美之感性。

普洱茶的兰香

“香于九畹芳兰气，圆如三秋皓月轮”。(宋·王禹稱)

这是描述普洱茶最美的诗句，普洱茶品茗者最喜欢将它朗诵不绝于口。

“圆如三秋皓月轮”，指的是像秋天圆大而美好月亮般的普洱圆茶。

“香于九畹芳兰气”，一畹等于三十亩，九畹是比喻广大而多，芳兰是指有香气的兰花，这一句的意义是形容比浓郁的兰花香更香美。

用次嫩的三等、四等、五等普洱茶青制成的散茶、圆茶，都有兰花的香。如远期的同庆老号圆茶、早期红印圆茶和一些大字绿印，都是以次嫩的普洱茶青制成，泡起来会有芳兰气的兰花香。就上面三种圆茶而论，远期的同庆老号圆茶已经刚刚跨越陈化巅峰期，茶性已有趋向减弱之势，兰香也逐渐在消失中，应该加以密封而使之停止继续后发酵陈化。有部分的普洱茶在久远陈化历程中，没有得到妥善保存，包裹的竹箬破碎了，已不成筒而散成单片，甚至变为散茶，因而发酵较为快速，兰香已经极为消弱。至于那些大字绿印，由于陈化期甚短，或在陈化过程中太过密封，或仓储过于干燥，陈化发酵程度还很浅，兰香很明显，但显得冲劲极强，不够沉着细腻，远不如同庆老号圆茶的兰香那么纯正幽雅，也没有那么迷人的魅力。

中国茶叶公司云南分公司生产的红色茶字的圆茶，俗称为“红印”，确实是一种茶性优良而多变化的极品。红印最早在1939年间范和钧时代，开始由云南勐海茶厂生产，一直到20世纪50年代末都陆续有制造销售，而前后的产品中，哪些是先产，哪些是后造的，极不容易辨别。在红印普洱茶中，有些是属于兰香，也有些是青樟香或野樟香。那种兰香的红印，是20世纪40年代的早期红印，条索较细长，色泽也比较墨绿，泡开的茶叶底可明显看出是比较细嫩的茶青。红印的兰香较为浑厚，虽没有同庆老号圆茶那种清雅，却比大字绿印圆茶的兰香来得清纯。

新鲜的普洱茶青那股青叶香，经过长期陈化后，由青叶香而转为“青香”。那些种植在樟树林下的茶树，得到樟香的参化，樟香较弱者而融合青香成为兰香；如樟香较强而盖过了青香者，则成为樟香普洱茶香。较嫩的三至五等普洱茶青所含樟香较弱，多为兰香的茶香。兰香是普洱茶中最珍贵的茶香。

最幼嫩芽尖或蕊珠的少年普洱茶，会有清淡荷香，而比较成熟茁壮的中、老年普洱茶，含有幽雅樟香。兰香是出现在少年过渡到中年的青年普洱茶，所以兰香兼具了荷香及樟香之美，而且也比较含蓄。从一般未泡开的干茶叶，不容易闻到兰香。同时冲泡功夫也要比较讲究，与冲泡荷香普洱茶方法相同。

一些比较上好的边境普洱散茶，也有芳兰茶香，但远不如云南老树兰香普洱茶香的清雅飘扬，纯正脱俗。近期的七子饼生茶，有着很浓的青叶香，并带有一些酸味的感觉，是不是经过长期的后发酵陈化后，会有比较好的表现。但能不能表现出兰香，就有待考验了!至于缅甸、老挝、泰国和越南的北部地理环境与云南南方很相似，偶尔也会有些极好普洱茶，但品质不稳定，是可遇而不可求的。20世纪60年代越南北部廖福茶庄生产一些普洱散茶，数量并不大，冲泡出来的茶汤有轻弱的兰香，还可以算是优良的普洱散茶。

一般对兰香普洱茶接触不多者，常常会把青叶香和芳兰香混在一起，误把青叶香当作兰香。青叶香会刺鼻熏脑，茶叶在萎凋或杀青时，或是一开始烘焙时，都会吐放出大量的青叶香，闻多了会使人有窒息感，头脑也因而迟钝，在下意识产生一种排斥作用。兰香是一种幽然之香，清爽幽雅，有助于醒脑，全身感觉舒畅，留在嗅觉久久不消，使人产生一种强烈饮用的欲望。

普洱茶的樟香

“种茶之家，芟锄备至，旁生草木，则味劣难售。”

（《普洱茶记》清·阮福著）

从清朝阮福的记载，知道古时的茶园所种植的普洱茶树虽是高大乔木，也是怕与野草杂木混生，而掺生了草木杂味，危害了普洱茶品味。但是，也有利用混生，故意改变茶叶的特性的，如台湾宜兰有某些茶农将茶树和姜苗混生种植而成了姜茶。所以混生环境，可以直接影响普洱茶的品味。

“普洱茶和樟脑也产在这地区……茶叶与樟脑产量既多、品质也佳，为滇南重要特产之一。”

（《西双版纳文史资料选辑·茶叶专辑》张顺高编）

“在西双版纳茶区，多为乔木或乔木型态的高大茶树，有的混生于樟树林中。”

（《中国名茶漫谈》亮顺师译，1983年）

“西双版纳的茶树，都是乔木类型的大叶种。茶树和樟脑树混合成林……有益的化学成分增加，茶叶品质优异。”

（《中国名茶》庄晚芳等著，浙江人民出版社，1979年）

云南各地有高大的樟树林，这些樟树多数高达一二十丈，在大樟树底下的空间，最适合普洱茶的种植生长，大樟树可以提供茶树适当的遮阴机会，在樟树环境下可以减少茶树的病虫害发生。如在樟树枝叶上生有许多小蜘蛛，会垂丝下来，吃掉茶树上的小绿叶蝉等病虫。更可贵的是普洱茶树的根，与樟树根在地底下交错生长，茶叶增强了樟树香气。同时樟树枝叶也会散发樟香，茶树更直接吸收了樟香气，贮存于叶片中。

云南大叶种普洱茶，茶性非常强烈浓郁，香气丰富。其中的一种芳樟醇香气，得到了樟树香气的掺和，显现出更加的高贵古朴、阳刚亮丽的茶香美，一般称之为“樟香”。从一般普洱茶品茗者认知中，都认同樟香普洱茶，必定来自樟树林底下的茶园，也必定是从肥沃土地中成长的，可以提供人类生命力量的营养。灵芝是一种非常神奇的药性食物，一般中医界都认为生长在樟树上的灵芝，不仅是香气优美，而且最具医疗功效。近来台湾地方的樟树遭人大量盗砍，主要是用于培植灵芝，以提高医疗功效。混生在樟树林底下的普洱茶，也是具有一定的特异效力的。因此，普洱茶的樟香也成为提供人类健康长寿的讯号，在普洱茶品茗者内心深处，散发出一股生命力量之美。樟香更是存留在陈年普洱茶中最久而且最陈香的香气!20世纪60年代，茶园的樟树大多被砍掉。

由于普洱茶青的老嫩，所含的樟香浓淡度便有所不同，大约由四等茶青开始摆脱了荷香的影响，有了较明显的樟香。六等、七等最壮的茶青含樟香最强，九等、十等茶青已是老弱的叶子，所合樟香渐渐转淡了。在茶青的老嫩、樟香的浓淡和陈化的长短三方面条件相互影响之下，就有了青樟香、野樟香和淡樟香之分，也形成普洱茶樟香多彩多姿的变化，耐人寻味，令人着迷。

青樟香表现着清雅秀丽、青春活力，有年轻、自然、新鲜之美。

青樟香普洱茶的典型代表，就是圆茶铁饼普洱茶，也叫圆铁，是20世纪50年代云南大理下关茶厂的产品。那时大理的茶园并不多，也不好。当时下关茶厂得到苏联的援助，设计了一套全金属的普洱型茶压模，于是向勐海茶厂要来了普洱毛茶，而且是最好的四等、五等、六等茶青，做成了这批圆茶铁饼普洱茶，是一批有着青樟香的上好普洱圆茶。还有20世纪40年代可以兴号茶庄生产的一批砖茶，每块十两重，也都是顶好的青樟香普洱茶，目前所留下来的已经不多，都属于收藏品了。

野樟香内蕴着浓郁沉稳、香劲强烈，有成熟、丰腴、浓酽之美。

野樟香普洱茶的茶种比较多，如百年的福元昌号圆茶、20世纪30年代的鼎兴号圆茶、同庆号圆茶、宋聘号圆茶以及红印、绿印圆茶，都是野樟香的极好茶种，野樟香是来自最“壮年”三级、四级茶青。目前仍留下来红、蓝内飞的鼎兴号圆茶，带有一股饱满淳厚的油樟香，是倚邦普洱茶香最优美的。

淡樟香非常的轻逸脱俗、香气娓娓，有道化、禅境、淡然之美。

淡樟香普洱茶以粗老茶青制成的最为理想，如陈年的各种紧茶。普洱紧茶都是以粗老茶青为原料，甚至和制造其他茶所剩下的茶青混合一块做成。本身是云南省纳西族的后代，现在是美国普洱茶界代表的杨丹桂女士，她回忆童年时代看见家人做普洱茶，为了应付马帮商人的需要，随便采了些老茶叶，连枝带梗的，甚至还将掉落在地面上不适合做圆茶或散茶的杂老茶青，扫起来和到一块，做成一个一个的紧茶，反正西北的兄弟民族，以牛奶或羊奶来冲泡，有普洱茶味就行了!但经过历史的造化，陈化过程却改变了紧茶的品茗命运。在早期年代的紧茶，那些原料比较纯的生紧茶，如末代生紧茶，有着淡然樟香，风味独具一格，是普洱茶品茗老手的最爱，也是最典型的淡樟香普洱茶。

野樟香的普洱茶，其陈化贮存过程中，在比较开放空气流通，且有相当的湿度(未造成霉变)的环境，促使较快速陈化作用，是会转为淡樟香。在这种情况下造成淡樟香的普洱茶，像有一部分本来是野樟香的无纸绿印圆茶，脱掉筒包竹箬成为单饼，而又贮放在湿度很高的环境中，虽然没有霉变，但是陈化程度极快速，茶性改变太快，造成了由野樟的茶香转化成淡樟茶香。可知快速陈化不但会减弱茶香的强度，更会改变了原有的茶香本质。

普洱茶的青香

云南省境内幅员广大，有适合大叶普洱茶树生长的辽阔面积，还有许多普洱茶树不是种植在樟树林底下，同样长出非常肥硕的茶青，做出很好的普洱茶。还有生产在越南、泰国和缅甸等北部，多半是不在樟树林底下的普洱茶，我们俗称边境普洱。这些普洱茶中，有许多都属于上等的好普洱茶，只是缺少兰香和樟香。但幼嫩的茶青也有清淡荷香，较壮的茶青却有着一种特殊青叶香，经过长期陈化后，留下了青香。青香不是普洱茶的好茶香，青香多出现在边境、省外的普洱茶，或者是那些云南省内茶性已退化的普洱茶青。

另外有小叶种普洱茶品，陈化后也会有着青香，如杨聘号圆茶、同昌黄记圆茶，是倚邦茶山小叶种乔木茶青制成，也没有混生在樟树林，所以只有淡淡的青香。鼎兴号红、蓝圆茶的茶青，掺进了樟气，形成了浓浓的“油樟茶香”。

许多人闻到了青香茶香，就说那是边境普洱，不是全然对的。20世纪50年代那些大字绿印普洱圆茶，也是勐海茶厂的产品，其中有些并没有樟香，而青香却非常强烈，这些缺乏樟香的绿印茶青，就是来自茶山已退化的云南普洱茶树。青香茶香的普洱茶会显得比较沉闷油腻，如果加上了樟香，便表现得浓酽而活泼多了。

荷香、兰香、樟香，是普洱茶至珍贵的茶香。这些茶香的形成，除了是优良的普洱茶茶青外，必须是新鲜生茶的产品，和自然陈化的过程。具备这些珍贵茶香，才算得上是真性美好的普洱茶。

普洱茶的茶滋

“茶滋”在这里是以广义来说，指一般所谓的口感，也就是“茶滋味”。茶汤喝进口腔内，所产生多种的感觉，包含了味道、水性、喉韵、生津、陈韵等茶滋味。其中有的是舌头的感觉，有的是喉头的感受，也有的是齿颊的反应所产生的感觉。各种茶滋味都会因不同的茶种，而有所不同的特色表现。一般品茗高手都多注重茶滋味的要求，尤其普洱茶在这方面的表现更加突出。许多普洱茶爱好者多是一开始时只喜欢它的滋味，而后才慢慢地完全接受普洱茶的整体品味。一旦养成饮普洱茶习惯后，对其他茶汤会有难以下咽的感觉，主要是普洱茶的茶滋味与众不同，入口时感觉圆满滑润细柔甘甜，不是其他茶所能比的!

普洱茶品茗时，对茶滋味中的陈韵，习惯性地将它另外分开，提到最前面先品尝，品茗者首先体认其陈韵新旧，再品尝其他的茶性。比如，陈韵的新旧差异，会影响同等度的茶香，给品茗者不同的感受，以陈韵越陈旧者，越是能增强茶性所带来的感受力量。所以在茶滋方面，多半只考虑味道、水性、喉韵、生津等茶滋味。

普洱茶的味道

普洱茶通常有甜、苦、涩、酸、水、无味等以上数种味道，这些味道可能单独存在某一泡普洱茶中，也可能同时有多种味道共同并存。其中甜是普洱茶品茗者所梦寐以求的；苦和涩本来就是茶叶特有味道，尤其老茶手多半喜欢有适当的苦涩味道；酸味和水味却是大家所不喜欢，普洱茶应尽量避去酸、水的味道；至于无味虽并不是味道，但是习惯性将淡而无味视为普洱茶的味道，也是无味之味了!

甜……

甜味不仅是小孩儿童喜欢，成年大人也都会对糖而垂涎。但是浓糖甜腻，往往使人又爱又怕。然而茶中的淡然甜意是那么清雅，不仅对健康无害，还可以满足心中一时对甜味的馋渴，同时由于淡然甜意，更将普洱茶品茗提升到艺术境界。普洱茶属于大叶种茶叶，成分相对地饱和浓厚，经过长期陈化，苦和涩的味道因氧化而慢慢减弱，甚至完全没有了，而糖分仍然留在茶叶中，经冲泡后，慢慢释放于普洱茶汤里，而有甜的味道。上好的普洱茶，越冲泡到后面，甜味越来越浓。在普洱茶的行列中，红莲圆茶和圆茶铁饼，本来是用同一批普茶青为原料，但不同的制造方法，这两种茶都有蜂蜜的甜味，是其他普洱茶所不及的。另外有一批由广东中茶公司，在20世纪60年代所制造的大字绿印普洱茶，其茶青是来自云南省，称之为“广云贡饼”。这一批广云贡饼，有甘蔗甜味，而且使品茗者感觉甜味会留在口腔内部上颚，久久不散。

我们普洱茶品茗爱好者，深深体验到，只有以生茶茶青制造成的普洱茶品，其茶汤中甜味，最为纯正清雅，也最能代表普洱茶真性。普洱熟茶茶汤甜味表现，就不如普洱生茶来得高贵、脱俗。尤其是灌木新树，在品种上已经改变了，又加上施以人工化学肥料，茶汤甜味中更带有油腻感觉。所以普洱茶的甜味，都以老树乔木茶青，生茶而干仓陈化的最为上好，最能表现甜味优美。

苦……

苦本来是茶的原性，古代称茶为“苦茶”，早已得到了印证。最早期的野生茶，茶汤苦得难以入口，经过我们祖先长期的驯化，由“野生型”茶树而“过渡型”茶树，才变成为今天的“栽培型”茶树。虽然这是一连串植物生理学的演变过程，然而站在品茗的立场角度，我们比较关心的是由难以入口的苦味，而逐渐苦味淡薄，乃至于常人能饮用并视为美味珍品。先苦而后才能回甘，并带给普洱茶品茗者那种真道的启示。是以苦味能列入普洱茶品茗的范畴中，和其他茶味道并驾齐驱。

普洱茶所以会有苦，是因为其中含“咖啡碱”。茶所以能提神醒目，就是因为这些咖啡碱对人体神经系统引起了兴奋作用的效果。可以从古代文人墨客的诗词文章中，看到对茶能提神而驱逐睡魔的赞美，视茶为仙草灵药，其实就是茶中苦味的咖啡碱作用而已。真正健康的普洱茶品茗，并非透过苦味去求得提神醒目，而是从略带苦意的茶汤，达成回甘喉韵功效，同时也借此启示苦的真道。一泡缺少苦味的茶，对那些“老茶手”来说，似乎缺少了什么，不能十足够劲而美中不足!

以比较幼嫩等级茶青制成的普洱茶，都带些苦底。如有荷香的白针金莲普洱散茶，或者现在生产比较高档幼嫩的滇绿绿茶，都是会有苦味的。20世纪50年代在泰国曼谷的鸿利公司，选用云南凤山(凤庆)的茶青压制的福禄贡茶；60年代广东中茶公司生产的广云贡饼，也都是属于苦底的普洱茶。对普洱茶苦味的处理，都是以冲泡方法来控制。同时也视各品茗者对苦味的接受能力情况，而泡出适当苦味程度茶汤。自古以来苦就是一种美味，在《诗经》中有赞美苦味的诗句“有女如荼”，以美女比喻苦荼，苦味真美啊!

涩……

常听说，“不苦不涩不是茶”，其实陈化六七十年以上的陈年老普洱茶，已经不见苦涩了。没有了苦涩，而仍然能表现其他茶味道的茶品，一般都被称为好茶了。普洱茶有口感比较强的阳刚性普洱，有口感比较温顺的阴柔性普洱。哪是刚性的?哪是柔性的?就是以其苦涩的程度而定，是最具体的辨别方法。如中茶公司所出品的普洱生茶，是干仓储放的，包括最早期的红印和绿印甲乙普洱圆茶，已有五十年陈期了，也都是属于刚性的茶品。而六十多年的末代紧茶和八九十年的同庆老号圆茶，就是典型的柔性茶品。

茶的涩感是因为含有茶单宁成分，普洱茶是大叶种茶青制成，所含的茶单宁成分要比一般茶叶来得多，所以新的普洱生茶十分浓酽，也是涩的口感特强。适当的涩感对品茗者是可以接受的，因为涩会使口腔内部肌肉收敛，而形成生津作用。涩和苦味一样，都能启示茶道的真道。涩也可以增加普洱茶汤的刚强度，也可满足口感较重的品茗者。在纯科学的立场，涩并不是味道，不过在比较感性的普洱茶品茗领域，我们习惯把涩感，视同茶的味道一起处理。

依据我们品茗普洱茶直接经验所及，生产在云南省中区，在勐库、勐弄和凤庆(凤山)一带的普洱茶，是属于苦底的；而在云南南区，在思茅和西双版纳所生产的普洱茶，则属于涩底的茶品。如同台湾地区的乌龙茶是可苦不可涩，而武夷的名茶都是以涩而生津闻名于世。红印、绿印圆茶以及较早些的宋聘、敬昌、普庆等等普洱茶，都采用云南南区茶青制成，也都属于涩底的茶品。冲泡涩底普洱茶和苦底的一样，要注意冲泡方法上的技巧，以及个人对涩感的接受程度。

酸……水……

酸味和水味都是普洱茶不好的味道，当然在普洱茶品茗时不希望有酸、水味出现。茶叶制作不良或者存放不好，都可能形成有酸味。一些现在灌木新树的茶青、云南省外的普洱茶青以及边境普洱茶青，都常见有酸味。近来在市面上可买到的一部分七子饼普洱茶、贴着宋聘号或鼎兴号内飞的边境普洱圆茶、由广东中茶公司生产的“广东饼”圆茶，多少都带有酸味。这些带酸味的普洱茶，每每经过三五开冲泡后，有的酸味会渐渐减少。酸味是普洱茶品茗者不愿意接受到的味道，它代表了茶品的低劣或败坏的象征。不像一些水果的酸味，使人有一份好感，成为一种独特而健康的品位。

一般新鲜茶叶的制作，如果在“走水”的程

序处理不好，也会形成茶叶有水味。而普洱茶为什么变成有水味?手边却没有可靠资料可佐证。贴着一大张红色宋聘内飞的“红心圆茶”，不管在茶香、茶气、陈韵各方面，都算得上是极品珍藏好茶，但是茶汤中水味很重。1973年由紧茶改型的第一批厚砖茶，在砖茶行列中，可誉为极品了，也是有水味感觉。现在生产的那些比较轻度发酵普洱砖茶，多半都是有水味的。水味会给人有稀弱、败坏而不新鲜的感觉，也是普洱茶品茗者所排斥接受的。

无味……

大多数的普洱茶的品茗高手，都公认“无味之味”是普洱茶的最极品。这可能与贮放陈化的年份有关，一百多两百年陈期的金瓜贡茶，其评语是“汤有色，但茶味陈化、淡薄”。由家父留下的一些陈年普洱茶原本是圆饼型茶，由于年代太久远，已经松开成散茶了，就称作“红芝普洱”，冲泡出很强的野樟茶香、陈韵十足，茶气强劲、水化生津，却淡而无味，这也是我个人所品尝过最上好的普洱茶!

无味之味有着十足的禅境，此种无比高尚境界，在数百种茶中，恐怕是只有普洱茶所独有的了!虽然普洱茶茶道是参化道家的真道，但同时也处处充满禅机。参契者从无味的普洱茶品饮中，透过明心见性而得到顿悟、无我之我的众生相，启开了西天极乐世界的天门，善哉普洱!

普洱茶的水性

普洱茶汤饮入口腔，所引起各种口感，除了前面在味道部分的说明，其他的归到水性这部分来介绍。水性可以分为滑、化、活、砂、厚、薄、利等七方面，其中滑、化、活、砂、厚是普洱茶正面特色，而薄和利则是一些负面性能影响品茗情境的。

滑……

滑是最柔和的感觉，比如将最细纯豆浆或爱玉仙草，含在口腔里有一种至柔感。滑会使人有温和舒顺而亲切的感觉，也会使人心神比较安适稳定。

比较陈旧或熟的普洱茶，其水性比较滑。早期的敬昌号、江城号、普庆号等普洱圆茶，以及20世纪70年代厚砖普洱茶、70年代白针金莲普洱散茶，其茶汤都表现很滑。水性滑是普洱茶一大特色，尤其现在生产的新普洱茶，多半是以熟茶方法制造，水性多能表现醇滑，有许多人就因此而喜欢饮用普洱茶。

普洱茶水性的醇滑，随着陈化时间越长，表现得越为优异，最后达到化的境界，这也就是构成普洱茶越陈越香的要素之一。

化……

“入口即化”同样是陈年好茶和好酒的表征，普洱生茶的水性要达到化的境界，通常必须要贮放六七十年以上，而且还要在比较理想环境中陈化。熟茶要比生茶容易得到化的水性，如那批20世纪70年代的普洱厚砖熟茶，只有三十多年陈期但其水性渐渐由滑而转向化劲之中，六十多年的末代紧茶，八九十年的同庆老号普洱圆茶以及本人私藏不知年的红芝普洱，已臻至入口即化的境界了。一般经验告诉我们，普洱生茶所表现的化劲，要比熟茶来得高雅，因为熟茶的水性较粗厚，化的感觉总没有像生茶那样活泼清逸。但是生茶的陈化时间必须长很多，才能有普洱熟茶化劲相等程度。

“入口即化，喝了没喝”，是一句品茗普洱茶时，对茶汤水性最高境界的赞叹语。虽然把茶汤喝到口腔里，好像喝酒一样，立刻化为一股升华之气。但喝酒只感觉一阵酒气向上颚冲起，而后渐渐挥发过去。普洱茶的化劲，远比酒的化劲柔和而宁静，不会有那股霸气熏脑的逼促。酒气的化劲使人自我膨胀，心神恍惚，醉言失态。普洱茶的化劲则叫人有满身轻利，清神明智，飘扬欲仙的感受。

活……

活泼的水性，是各茶种品茗者一贯重视的茶汤优美表现，指在口腔中产生一种活泼的感受。活的口感如同陈韵一样，是偏重于比较抽象性，也都是靠个人多从实际品茗中，培养出鉴别能力。无法以文字或言语描述真切，非从实际体会而难以言传。在普洱茶行列里，只有干仓普洱生茶的茶汤，才有较强的活性品味。在制造过程中，经过一定程度渥堆发酵的普洱熟茶，以及产生霉变的、湿仓陈化普洱生茶，这两种普洱茶品都会增加水溶性物质成分，而且越是重发酵或越是重霉变的，越增多茶汤中的水溶性物质，茶汤颜色也越深浓，甚至成为黑色。水溶性物质的增加，直接影响水性活泼品味。所以只有生茶干仓普洱茶，才可能有最好的活性品味表现，活性能给人活泼、愉快、力量的感受。

砂……

喝过茶汤之后，口腔内有一种砂砂的感觉，如同喝了一碗红豆汤，留下口中那种浓砂感觉。这种砂砂感觉，会带给口腔一种舒服而愉快的感受。砂的口感主要来自普洱熟茶茶汤，而且是有较长陈化期的茶品。20世纪30年代的佛海鼎兴茶庄所生产那批末代紧茶，可能在晒青时，延误了时间，促使自然发酵过多，变成了熟茶紧茶；还有70年代初期的73厚砖茶熟茶，这两批茶叶为比较陈旧的熟茶茶品。凡喝过这两批熟茶的，都能感受到砂的品味。普洱茶水性的砂感，透过口腔感觉，使人有一种粗犷而浓郁的感受。砂感是普洱熟茶水性一大特色，而普洱生茶则不易见到。

厚……薄……利……

普洱茶水性在还没有到达化劲之前，有厚、薄、利分别。这些厚、薄、利在口腔的感觉，使品茗者有厚重甸实或轻薄浮荡或刃利难受之感。水性厚和茶汤浓并不相同。厚是普洱茶质地关系，茶汤在一定的强度，溶于水中物质成分较多的，在口感上觉得会比较浑厚稠密。越稠密者称之越厚或越稠。浓是冲泡技术上的影响。同样一泡茶，茶叶浸泡在热水中越长，茶汤就越浓，也就是茶汤的强度增加了。相反的如浸泡时间很短，茶汤便会显得淡淡的，与水性厚薄无关。往往厚、重以及甸实都是相伴共存的，所以有说茶汤水性很厚重或很厚实，其意义就是指水性有很厚之感。如一些无纸绿印圆茶、凤山茶青的福禄贡茶，茶汤水性都很厚重。厚的茶汤水性，使人感到饱满而实在，带给品茗者有较平和稳定的心境。

水性薄和水性厚恰好相反，水性薄的茶汤喝到口腔里，没有坦荡舒张气势，水质也感觉轻且萧条。由于水性薄而造成小气的格局，使品茗者产生了轻浮、薄弱、不安稳而抗拒的感觉。灌木新树茶青制成的普洱茶品，和一些边境普洱茶品，茶汤水性多半会显得单薄。

利是因为太薄的水性之故，而使得口腔有触及利刃的感觉。会引起单薄、偏激、难过的感觉，而且形成排斥和拒绝的作用。一般的边境普洱茶或现在新树茶青所制成的新鲜青饼普洱茶品，茶汤水性多半会出现刃利现象。

普洱茶经过长期紧扎密封，茶身很干燥，开封后立即冲泡品饮，茶汤水性常常会显得薄，甚至会有利的情形。但是如果开封后，将茶置于较宽大容器中，以使茶叶“回气”一段时间，约十几天或一个月，茶汤自然能表现出其应有的水性特色。

普洱茶的喉韵

茶最原始的用途是作为药用，尔后才用来解渴。解渴的首要条件，就是喉头得以滋润，立即解除紧箍的干涸。喉韵一向都是最受品茗者的青睐，尤其较资深品茗高手，也多极重视喉韵特色。更以喉韵特强为标榜，而抬高茶品售价。普洱茶的喉韵可以分为甘、润、燥三方面。

甘……

“谁谓荼苦，其甘如荠”。（诗经 · 邶风 · 谷风）
“绝品不可议，甘香焉等差”。（梅尧臣）
“舌本常留甘尽日，鼻端无夏鼾如雷”。（陆游）
“年来病懒百不堪，未废饮食求芳甘”。（苏辙）

古人多以诗词来赞赏茶的回甘，茶汤能带来甘的喉韵，是所有品茗者都喜爱的。甘的品味是比较含蓄，不像香那样飘逸，往往都是和苦味伴随而至，常说“苦尽甘来”。有许多的品茗者，所以喜欢带有苦味的茶汤，就是因为苦后而能回甘。但也有不苦而甘的东西，如中药材的甘草，入口不苦却有甜而甘的品味，普洱茶也有不苦而回甘的好茶。

茶多半是先苦后甘，凤山茶青制成的福禄贡茶，是苦味的茶底；勐海芽茶制成的白针金莲，也是苦底茶汤，都能够表现苦尽甘来。同庆老号圆茶，陈期近百年，苦涩味全消失了，但饮后能有微微回甘的喉韵，持续甚久，的确是好普洱茶。早期的红印普洱圆茶，采用较嫩茶青制成，陈期已逾五十年，有兰香，略有些苦底，多冲泡几开后苦味不再，其回甘相继不断，效果特好，是普洱茶中极品。

润……

“一碗喉吻润，二碗破孤闷”。 （卢仝）

现在饮茶的第一目的，已经由最古老时期的治病，而成为解渴去闷。润喉则是解渴的第一步骤，再是补充足够的水分，因缺乏水分而产生的郁闷，立刻得以消除，胸怀舒畅。喉头得到滋润，渴象就可以去除。有时候天气太干燥，或者吃得大过于咸腻，渴象就会很严重，白开水喝得越多，感觉更加渴。此时如果能饮上一两口上好普洱茶，喉头因此润化，渴象自然解除消失，舒服且顺畅。

品饮到能使喉韵润化的茶汤，虽然没有口渴现象，却越喝越想喝，是因为润感使人有安稳、充实、舒顺而满足感。一般乔木老树的普洱茶，经过适当陈化后，都能达到“喉吻润，破孤闷”的润化境界。

燥……

有毒的气体或有些太强的烈酒，都可能刺激喉头肌肉紧缩，甚至窒息难以呼吸。茶汤水性如果太利或太过苦涩，也会使喉头难受，产生干而燥的感觉，强烈者吞咽困难。一些以云南省外或边境茶青制成的普洱茶，因为品质不好，虽然苦涩不重，甚至不苦涩，但也会使喉头有干燥感。造成喉头的干燥感，通常称之为“躁”，也有称为“锁喉”。燥感除了喉头极不舒服且难受外，会给品茗者造成情绪不稳，神意焦虑，心境不安等。

有些陈年普洱茶品，在贮存过程中太过于密封，开封后马上冲泡，也会有燥的情形。必须装在较宽大的容器，回气一段时间后，燥感自然消失。有人将霉变的普洱茶，送进烤箱焙火，为了要去除其霉味；有时在煮普洱茶之前，将茶叶放在茶熘内烤过，以求得香味，如果焙得过重火，烤得太焦，也会造成燥感。一般夏季和秋季采摘的茶青，多多少少带有些燥感。茶叶一旦有了燥感，就不能评为好茶，品茗者对燥感是最难以接受的，不但直接带来难受而不安，更因燥的出现，即使拥有最多优美特色茶品，也会立即统统被否定掉。

普洱茶的生津

津，唾液。生津是口腔中分泌出唾液。在中国传统的养生中，唾液是无上至宝，有“延寿浆”之美誉。就以现在医学知识，唾液中含有多种有助益身体成分，尤其在促进消化，增强养分吸收功能方面，有着很大的作用。口中生津一方面可以解渴舒顺，另方面可以滋润自己的生命。健康者和生命力旺盛的人，口腔唾液都很充足。时时感到口干舌燥，喉头紧锁，身体必定是出了问题有了毛病。品饮茶汤后生津，不但能舒顺喉韵，滋润口腔，营养生命，更能提供品茗的精神意境。普洱茶是大叶茶种，茶叶内涵成分特浓，生津功能特强，普洱茶是以生津为主要特色之一。

人类生命活在这大环境中，全赖外界的养分能源，只有当我们咽下唾液津汁时，才能从自己生命机体所营造出的养分而回馈于自身。同时只有健康机体和活着的生命，才可能有自然生津的能力，也间接提供品茗者，在茶道中参化生命艺境的力量和契机。

两颊生津……

茶叶内涵成分中，有茶单宁和某些其他成分，能刺激口腔内壁紧束收敛，形成涩感以及生津。但是并非凡是涩感都会生津，部分较劣等茶品，虽然茶汤很涩，但并不会生津，始终觉得口腔内部卷缩起来，两颊肌肉有痉挛般难受。这种涩而不能生津，称之为“涩而不开”。口腔涩而不开，引起口干舌燥，喉头也因此紧锁不顺，即使有强烈的渴感，但喉头却不想饮喝。如此不但不能解除缺水干渴之苦，同时更堵断了急需补充水分的自然饮食讯号。

口腔内膜收到茶汤后，自然分泌出唾液。依据一般品茗普洱茶的经验，那些新鲜茶品，或者只陈放不超过三十年短期陈化的茶品，所造成生津是属于“两颊生津”。两颊指的是口腔内两侧，也是左右脸颊的内面。两颊生津所分泌的唾液，通常是比较多而强。这种生津在口感上，会觉得比较粗野且急促，有时生津太多则有口中淡淡，口水积得太多现象。

边境茶青制成或陈期不长的新鲜普洱茶品，所引起的生津作用，大都是两颊生津。如越南北部的廖福散茶、泰国鸿泰昌普洱圆茶、部分广东普洱圆饼，以及7562砖茶、银毫沱茶、广云贡饼和一些现在的青生普洱茶品。如果是流汗太多，体内失水过多，渴感很强烈时，最好品饮两颊生津的普洱茶，解渴化孤闷效果特好。

舌面生津……

从学理的角度认知，唾液是由口腔内壁和舌头底部分泌出来的。舌面负责味觉的功能，应该是和生津无关。事实上，舌面生津的现象，对一般普洱茶品茗者来说，都是经验的事实而肯定的。如何造成舌面生津的感受，真是一个极有趣的问题。

一般四五六十年，早期及后期的好普洱茶，都能达到舌面生津的功效。茶汤经过口腔吞咽后，口内唾液徐徐分泌出来，但不像两颊生津那样急促强烈，感觉柔和舒顺多了!接着会觉得舌头的上面，非常的湿润柔滑，好像在不断地分泌出唾液，然后流到舌头两边口腔。像是舞台上的一块干冰，乳白柔和的浓烟，缓缓冒起而散落充满了整座舞台中。舌面生津除了生津解渴、舒畅的生理感受之外，那种品茗艺境，要比两颊生津高上一筹。由两颊生津的野性霸气、急促粗糙，转入到舌面生津那种温驯娇柔、缓和细致，完全表现出普洱茶走过时间历史的最具体的美。

能够达到舌面生津的普洱茶品，还是相当多的。像同庆号圆茶、敬昌、江城、鼎兴等圆茶，福禄贡茶，以及红印、绿印等中茶公司的较早的普洱茶品，在舌面生津的效果，都表现良好。喜爱普洱茶品茗者，都可有机会品尝得到这些舌面生津的好茶。

舌底鸣泉……

一般正常喝饮料时，液体吸进口中，从舌尖沿着舌面滑入口腔，少部分由舌面向两侧滑落，和牙床接触，大部分则由舌面向后方滑进喉咙去了。液体在口腔内停留的时间很短，所接触口腔的面积也不大。这种急速匆忙的喝法，在喝茶时叫“牛饮”；在饮酒时叫“干杯”吧!所以常常认为“牛饮”和“干杯”都是糟蹋了好茶，浪费了美酒的行为，它们的香醇甘美，像浮云过太虚，无法享受到。

在普洱茶的品茗技巧上，为了避开“牛饮”“干杯”的缺失，除了小口慢饮、回转缓咽外，当茶汤喝入口中，必须将口腔上下尽量空开，也就是上下牙床张开。闭着双唇，牙齿上下分离，增大口中空间。同时口腔内部得以松弛，舌头与上颚接触部位形成更大的空隙，茶汤得以有机会浸淫到下牙床和舌头底面部分。当要吞咽时，口腔必须缩小范围，将茶汤压迫经过喉咙，吞下了肚子。在口腔缩小过程时，舌头底下的茶汤被压迫出来，并会产生泡泡的感觉，这样的现象就叫“鸣泉”。但只是技术性鸣泉，不一定饮茶如此，喝任何饮料亦可如此。

品饮到五六十年以上陈期，先期以前的好普洱茶，如不知年代的红芝普洱茶、同庆老号圆茶、末代生紧茶等，茶汤已经极为柔和，达到有香无味的境界。其茶汤经过口腔接触到舌头底部，舌头底面会缓缓生津，不断有涌出细小泡泡的感觉。这种舌下生津现象，才是真正的舌底鸣泉。

经过长久陈化普洱茶，茶汤已经转为极柔性，尤其已达到入口即化的境界。也因为茶单宁在陈化过程中，经氧化消失了，已经不能刺激两颊或舌面生津，但是却有某些成分，激起舌底鸣泉的功效。舌底鸣泉之美，的确远过了两颊生津或舌面生津。生津过程更加缓和持续，生津现象更加细致轻滑，生津感受更加柔顺安详，生津艺境则仙扬道化，阶及无为了!

普洱茶的茶气

无，精气神之真气

无，气也。气在中华文化中占有极重要地位，也是我国古来传统中非常宝贵，同时更是独有的文化资产。在西方国家的文化里，向来都未曾有过气的概念，尤其他们比较重视科学，而在科学的功能尚未全面开发的以往，虽然有机会接触到中国的气的资料，但未能透过科学来剖析，常常被西方视为不切实际的迷信或神话。

精、气、神是我中华文化总体之根源，诸如武艺、医学、文哲，乃至于算命卜运以及饮食起居，无不受其直接或间接影响。我中华民族的生活习俗、思维方法以及表达方式，都是围绕着精、气、神发展，并都以其作为常道的核心，形成一贯薪传承接的文化历程。一般较为深入内层地欣赏中华文化，或诠释中华文化的传统及发展，都应以精、气、神作为其根本的起点。

“炼精化气，炼气冲神，炼神返虚”是道家修身养性的指南。精、气、神而气位在当中，有承前启后的功能。气也是介乎于具体和抽象之间，往往作为承接形而下与形而上的桥梁。气居中间，扮演着协调及催化功能。当然，炼精可以化气，也就是从锻炼血肉体能，可以促进气的成长。所以，虽然西洋的体育运动，几乎全都是血肉的强化，根本没有考虑炼气的设计，但因为炼精化气之功能，这些血肉的运动多少也提升了气和神的本质。在饮食中也一样，西方的食谱或医药处方，并无通经活络，滋补行气的强调。但在一般食物或某些药材中，都含有补气功能。同时因为血肉得到充分发达，间接带动经络中真气运行，而得以促进强化。尽管如此，西方的运动、饮食、医疗都是间接性的养气方式。在东方的中华民族传统文化中，对养血、补气、添神，有着个别而独特的处方和方法。气在西方文化是潜在性，其养成过程却是消极而间接的；在东方中华民族文化中，气已成了具体，而其地位极为突显，早已形成了一套直接且积极处理气的方法，尤其气带给了在医学、武艺、命理风水方面，有着超乎科学的神奇境界。

无，是一种在火焰上方看不见的东西。中国人习惯将那些与“能量”有关，而无具体识别的，统称为气。如天气、电气、气势、人的气色……其中那种运行于人体经络中，促进全体机能活动的发展的“真气”，也是精气神的气，在现代医学中已得到认识，定名为“生物能”，或叫“神经能”。

同时，近年来又发现在一般植物性的食物中，以及许多中医药材中都含有丰富的有机锗，有机锗在灵芝和人参之中的含量比例最高，也叫“人参素”。有机锗被吸取后而运行于人体的经络中，具有疏导和强化真气的质和量，达到所谓“补气”的功能。

日本金属专家朝进先生，不但成功地从煤、铁等矿物中探测到以及提炼出锗元素，而且更发现植物中，如竹子、茶叶等亦含有有机锗。根据临床实验证明，半导体的有机锗在人体内，很容易将氢游离子结合起来排泄于体外，使体内有更多的氧保存着，稳定各主要器官机能。如果体内器官经常缺氧，则易于导致癌症等疾病的形成。同时有机锗还可以将人体内可怕的重金属阳游离子，结合而排泄出去，对人体有净血作用，促进新陈代谢，防止老化，增强免疫力，确保人体健康。有机锗是水溶性，人体可以吸收。但其水溶难度非常高，所以食物中的有机锗，大部分从排泄中流失掉。根据初步的认知，有机锗与多糖类起作用后，才容易溶于水。所以中医师们多劝人别生咬或以清开水泡人参服用，那样补气的功能不会强。最好以瘦肉类、大枣类以慢炖浓煎，只服汤汁，那样补气功效特强，应该是人参的有机锗得到了肉类，或大米类中的多糖类，而结合溶于汤汁中，人体才能吸收大量的有机锗之故。

普洱茶的气在那里

20世纪80年代，德国科学家发现了有机锗之后，间接使中华民族传统中最为神秘奇异之一的气，是到了具体而科学的诠释。首先将被中国人视为至宝被西方人们视为只是“心理性、习惯性”功能的气，和被认为只与白萝卜同类而营养相同的人参，在得到现代医学上医疗功效的定位后，进而开发出中国人所谓的真气，也就是生物能。又从灵芝中粹炼出最多的有机锗，用作为抗癌的特效灵药。更进一步发现茶叶等植物中，含有有机锗成分。

云南属热带亚热带湿润气候类型，水热资源丰富。从第四纪地质年代，一千多万年以来，最后几次冰河时期，都未受到袭击。保有最原始的森林，都是树干粗大而高数十丈，树根深入地层，常绿阔叶乔木的大森林。这些森林吸取地层下丰盛的矿物和养分，通过新陈代谢，落叶归根，形成极为肥沃的红壤土的历史，距今已有五六万千年之久，形成世界上最古老土壤之一。(《云南省茶叶进出口公司》第二页)。红壤土最为适合植物的生长，加上气候的适中，云南有“植物王国”的美誉。云南普洱茶属大叶种茶，古老茶园都是乔木形态，茶叶厚大，儿茶素、矿物质等成分特高，相对的有机锗也较丰富，因此云南普洱茶实为补气的饮料之一。

普洱茶的补气和提神

茶能补气和提神，是品茗者所经常提到的。可是中国传统医学多着重在养血、补气，几乎从不认为有提神的必要。因为精神不振，神情恍惚，应该从养血、补气着手治疗。血气健壮时，自然的就会益智添神，是为治本之道。如果只为了振奋精神，而抓药直接提神，只是精神一时，如抽烟吸毒一样，将会留下严重的后遗症，违反了人体健康之道理。

茶所以能提神，是因为越是新鲜而绿色的茶叶中，含有越多的咖啡因刺激性成分。这些成分如在人体内刺激了脑神经，就形成精神兴奋，达到提神作用。新鲜青绿的普洱茶，和陈期短的青生普洱茶，所含的刺激性成分比其他茶种都来得多，饮后对提神功效特别强。普洱茶品茗的意境本是追求宁静自然、淡雅清新，同时也是内敛深邃，且仙扬的心灵世界。那些属于刺激精神亢进的茶品，多少会造成品茗者心情炽热，情绪浮泛。一向以道家思想为主流的普洱茶艺，“道”为其筋骨天柱，“静”为其肌胃运化。心绪尚平和，精神则以宁静泰然为贵。所以普洱茶艺对品茗者的精神处理，正如中医养生一样，绝对避免因提神而后伤神，造成精神和心绪上病变后遗症。所以陈年而无刺激性老普洱茶，是懂得品茗普洱茶者的最爱。

茶气，对普洱茶品茗具有极重要地位，也是普洱茶最主要特色之一。云南大茶山所生产的乔木大叶种老茶树普洱茶，茶叶内所含成分浓酽而丰富，制造为成茶后，经过长期储藏陈化，茶中多糖类和有机锗产生一定的化学作用，于冲泡时即能溶于水。品饮陈年普洱茶茶汤后，有机锗进入品茗者体内，而运行全身经络之中，促进真气的运行，进而增强真气的质量，达到补气功效。

古往今来饮茶品茗者千千万万，有几人真正体会到茶气美妙的境界?一来真懂得品尝茶气者不多，二来有茶气的好茶却得来不易。大部分的茶叶都含有刺激性的成分，提神醒脑功效特强。也有些确实同时具备茶气和提神功效，因为提神会给品茗者较强烈感应，而也往往提神在先，茶气的表现在后且缓慢，都被提神所掩盖过去了。

从二百二十首古茶诗中发觉，提到茶气的只有九首，而提及提神方面的，则有二十七首。显然的，以往能体认茶气的诗人并不多。举例如下：

对茶气有描述的诗句如：

惟觉两腋习习清风生……乘此清风欲归去　（卢仝）

冰霜凝入骨　羽翼要腾身　（文同）

亦欲清风生两腋　从教吹去月轮旁　（梅尧臣）

两腋清风起　我欲上蓬莱　（葛长庚）

对提神有描述的诗句如：

巴东别有真茗 茶煎饮之人不眠 （陆羽）

枯肠未易禁三碗 卧数荒城长短更 （苏轼）

为君唤起黄州梦 独载扁舟向五湖 （黄庭坚）

朝坐有余兴 长吟播诸天 （李白）

江风吹雨暗衡门 手碾新茶破睡昏 （陆游）

茶仙卢仝品出茶气第一人

古人都称陆羽为“茶神”，那么本人称卢仝为“茶仙”是实至名归而不足为过。陆羽的《茶经》虽然是成书成册的，卢仝的《走笔谢孟谏议寄新茶》只是一首茶诗，但是站在茶艺的境界，以艺道的角度来看，显然的后者表现出品茗的功力，以及飘雅的仙境是较凸出的。在许多茶诗中，诗人常引出陆羽茶神，以增光其诗句的真实之美。同样的，茶仙卢仝也常常被引用，以提升茶诗的超然艺境。以同是唐代诗人为比，那么陆羽可比作杜甫，而卢仝则如李白了。陆羽在《茶经》的最大贡献，应该是介绍了唐代各州的名茶，记载了茶叶制造工序技术、煮茶方法以及各种茶具，以实践者的姿态，对中国茶本体，做出承先启后的伟大贡献。然而，卢仝则在一首短短茶诗中，阐扬了中国茶艺术至高境界。手边虽没有卢仝更详尽的背景资料，想必他不但文学修养高尚，而在道家哲学造诣应是也极为深厚，是将茶升华到达了道之境界的先驱者，也是品出茶气的第一人。

后世茶人对唐代的卢仝和陆羽，都给予了极高度的肯定和敬仰。从二百二十首古茶诗中，提到卢仝及其诗句的有十八首，而引用到陆羽及《茶经》的只是十三首，举例如下：

提到卢仝及其诗句有：

何须魏帝一丸药 且尽卢 仝七碗茶 （苏轼）

玉川七碗何须而 铜碾声中睡已无 （陆游）

卢仝敢不歌 陆羽须作经 森然万象中焉知无茶星 （范仲淹）

饮数杯酒 对千竿竹 烹七碗茶 靠半亩松 （宋方壶）

虎丘春茗妙烘蒸 七碗何愁不上升 （徐渭）

引用陆羽及其《茶经》有：

敬谢古陆子 何年后来游 （朱熹）

会经陆羽居 草堂荒产蛤　　（裴拾遗）

不如回施兴寒儒 妇续茶经传衲子　　（杨万里）

桑苎家风君勿笑 他年获得作茶神　　（陆游）

七碗茶饮出茶气契机

卢仝玉川子诗句：

一碗喉吻润 第一碗茶喝了之后，马上喉头就是感到了滋润，茶使人解除干渴而喉舌滋润。

二碗破孤闷 第二碗茶喝了之后，舒解干涸引起的精神孤闷，茶使人解渴润喉而提神舒怀。

三碗搜枯肠 第三碗茶喝了之后，将神智中一切昏惑扫除掉，茶使人明智舒爽而思路清晰。

四碗发轻汗 第四碗茶喝了之后，茶气激荡以逼人发出微汗，茶使人毛汗顺畅而心情安舒。

五碗肌骨清 第五碗茶喝了之后，茶气清敛入骨且肌肤爽化，茶使人补气固精而身躯清化。

六碗能仙灵 第六碗茶喝了之后，茶气在体内运通仙气灵感，茶使人通经活络而飘然欲仙。

七碗吃不得也第七碗茶喝了之后，茶气使人感受不得了了！茶气使人胳肢窝下灵风轻拂，双手展翅，而乘着一股清风，向蓬莱山仙境飞凌飘扬而去！茶使人仙风道骨而蓬莱处处。

茶气对大多数品茗者来说，还是非常含糊的。如有人说“这茶道的气很强”，大致上可以从以下几个层面去理解，一是指茶香很强；二是指茶汤很浓；三是指茶叶所含的成分很足，茶汤的口感很酽；四是指茶叶中成分很重，茶汤苦、涩味很强；五是，只有极少数品茗者，由于体认茶气的气感，而正确指出了茶气很强。

茶气进入人体内部，而运行于经络之中，如果到达了一定强度感觉，促使毛孔发出微汗，并且渐渐凝聚在骨骼中，成为一股清流，浸养着全身的肌骨。所以感到筋骨在清敛，肌肤渐爽化，如果此时再增加茶气，清敛爽化逐渐浮现，交会成一股温暖而鼓荡，潜在体内窜激，最后浸沐在一股飘然且安舒的意境里，飘然欲仙！

卢仝的气功修炼，道行必定很高，才能写出七碗茶的功力。一般品茗者，茶气敛进其经络后，只感觉到全身体内激荡一股热气，接着毛孔轻轻发出微汗。但也有人误以为是喝了太热的茶汤之后会产生茶气。其实，喝了太热茶汤，如喝了烈酒一样，促进血液循环加速，是能使体温升高而发汗。真正茶气到了体内，是促进经络中真气运行的加强，使体温升高而发汗的。当然，茶汤太热和茶气同时在身体内部，促成体内发热而发汗者，应该是最常见的。那些由茶气所激发出的是轻汗，是轻薄而微细的汗。而热茶汤所逼出来的，可能是浓而多的热汗，甚至汗流浃背。

许廷勋品出普洱茶气

我量不禁三碗多 醉时每带姜盐吃
休休两腋自更风 何用团来三百月

清代普洱府儒生许延勋，在光绪年间，写下《普洱吟》长诗，最末第二句“休休两腋自更风”，是最早将普洱茶气见诸文字的。许廷勋被喻为品出普洱茶气的第一人，应该当之无愧!

普洱茶品茗，以温喝最为适宜，如太热喝，热气盖过了茶气，结果只是血液循环加速而发汗;如果茶汤凉后才喝，凉汤降低了体温，不易引起热感，无法臻至飘然欲仙境界。

普洱茶品茗，以慢喝最为适宜。如太急促或匆匆忙忙的喝，紧张的心绪，无法使茶气安然地在体内发挥功效，正如气功功法中最讲究的是“以意行气”，匆忙之行为，必然心神不稳定，意思不能集中，无法以意行气。即使茶气在经络中起了作用，但意识涣散，也无法体会更可能引起“气化不良”，无法将茶气纳入经络之中而运行。

如要品出普洱茶气，以陈化的好普洱茶最为适宜。普洱茶所以能将茶气冲泡出来，其茶品必须经过长期陈化及后发酵，一般以三四十年以上的陈老普洱茶品，才可能冲泡出较强烈茶气来。同时，茶品的质地也非常重要，最好是产自云南省内，大茶山中老茶树的茶青。茶叶内所含成分，尤其是有机锗元素特多，对滋补真气、通经活络功效特别好，这也就是品茗者特别喜爱陈老的好普洱茶茶品的缘由。

有经验的普洱茶品茗者，对茶气是特别敏感的，当茶汤饮进口中，就已经能分辨出茶气的强弱，气强者对口腔会形成一种“劲道”的感受。就比如一位中医将某种药材放到口中咬嚼，就能分辨出其药性是热性或寒性的。喝了茶气强的茶汤，很快就会打嗝，接着有一般热气在胸腹中鼓荡、腾然。毛孔也因之松弛开放，微汗或汗气徐徐得以抒发。再继续品饮，正如茶仙玉川子所描述的，一直喝到七碗茶时，茶气生清风，使人飘扬欲仙!

品茗普洱茶气的具体层次程序：

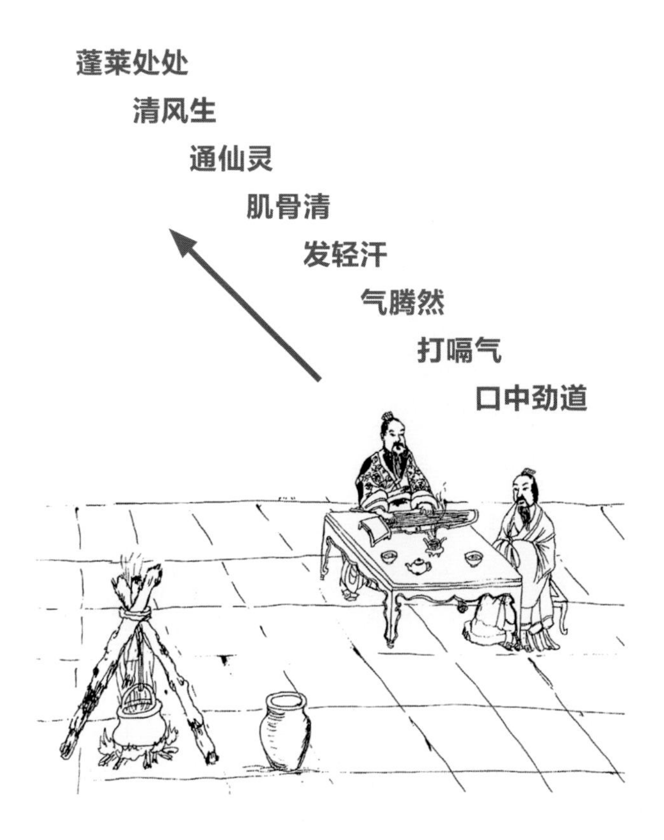

普洱茶补气的例证

茶气例证一

1993年的第二届“世界杯武术锦标赛”是在马来西亚的吉隆坡举行，台北武术队太极拳选手蓝孝勤小姐，在赛前练习时，本人冲泡了一小暖水瓶六十年陈期的普洱末代紧茶供她解渴，未料蓝选手喝了普洱茶以后，在场上练习太极拳，感觉全身气感特别强，有助于她演练时的气势和满意感。太极拳竞赛除了架势招法要合乎规格外，太极的气势风格非常重要。于是蓝选手每次练习时，梁绣金教练都为她冲泡一暖水瓶普洱茶随身，包括最后出场正式比赛前，也喝两大口，补足气感以增强太极气势。此次比赛蓝选手只夺得个人赛第三名。她回到台北后向本人要了十多个末代紧茶和一筒福禄贡茶。

蓝孝勤小姐同时又被选为1994年广岛亚运太极拳代表，她也把普洱茶带到日本广岛去了，但是因为此次亚运的药检特别严格，蓝选手说因为不了解普洱茶是否会违反药物检查，所以只将普洱茶带在身边而不敢喝它。因此普洱茶在实际上，未能协助她在这次亚运会中的竞赛，恐怕只能在心理上有着间接鼓励作用吧！

普洱茶的茶气确实在国家级的太极拳运动员身上，得到了感应和证明，同时蓝孝勤选手和梁绣金教练，也已经成为普洱茶的消费者了。

茶气例证二

中国普洱茶学会秘书长王敏成先生，也是一位普洱茶收藏家，对普洱茶品茗功力相当高。他有位朋友吕明先生，是一位气功长期修炼者。有一天王秘书长请这位气功朋友喝普洱茶，是那种九十年同庆老号圆茶。茶的水性已经十分陈老，喝之已经无味了，气功朋友只在当开水喝着，在谈笑之间，慢慢觉得气感自动起来，有如在引体导气似的，而且气热腾然的感应相当强烈。正如玉川子在七碗茶中所形容一样，肌骨清、通仙灵而两腋习习清风生，那种清雅飘逸，顺畅舒服极

了，他十分惊讶！王秘书长从此又多一位品饮普洱茶的好朋友，增加了一员普洱茶的消费者。当然普洱茶已经带领这位气功吕先生，到选修练气功的另一个境界。

茶气例证三

苏清标先生是白河高工教师，时年四十岁，也是太极拳教练。学生时代醉心太极拳同时也以打坐来配合修炼，注重“动静双修”学程。现在教出的太极学生已是桃李满天下。苏先生本身的太极拳修炼，已臻达养气层次，气契的掌握已有相当功力。

其实太极本身就是一套气功法，一般将太极拳视为气功中的“动功”。许多教习气功的师傅们，都称赞太极拳是最好的气功功法。但太极拳修炼到达行气的层次时，往往不易转换而上手，如得到打坐“静功”助上一臂之力，就顺利理想多了。在动静双修之下，如果还能得到饮食助功，更加速到达太极拳的高层境界。

每每品饮到好普洱茶，苏先生都能感觉腹内气腾然，带脉及其周边热气涌起。一旦品饮同庆老号普洱圆茶时，更有热气由命门穴部位，沿着脊柱往上冲，全身因而松透舒畅，气血通顺，有如正在行功运气一样，气通身虚，发之于毛。

苏先生因亲身感受到品饮普洱茶能有助于气功的长进。除了自身将喝普洱茶列为修炼太极拳的课程外，更介绍他的学子门生将打拳、喝普洱茶作为修习太极拳的学程。喝普洱茶能助于太极拳的修炼是事实，足以证明了普洱茶在真气方面，有着很具体而立竿见影的功效。普洱茶可以养真气，是最富茶气的茶品。

茶气例证四

释再门法师，韩国大县人，禅画书法画家。自幼出家入佛门，有二十五年饮茶经验，喝的是韩国绿茶。韩国的出家人对茶艺都有着极高素养，茶艺几乎变成他们的必修功课，往往茶与禅的道行是成正比的。释法师说有时一连喝绿茶太多，连双手也会发抖，肠胃也因此不适，后来不得不减少品饮次数和茶量。

三年前在一个偶然场合中，释法师有机缘喝到了普洱茶。在此之前他曾经听说过普洱茶的好处，但只是听听而已。如今尝到了真实普洱茶汤，所以他特别用心去鉴赏。可是他并没有能够发觉普洱茶有什么特色，只是感觉到是一种从来没有接触过的饮料，不见得有很好味道，但也不是太难喝。喝了两杯之后而坐到一旁，此时感觉胸怀内渐渐腾然。全身慢慢热涨，微微发汗。尤其双手掌转为通红，有一种说不出来的轻松舒畅感受。

释法师的禅修道行很高，他不但吃素，而且还是吃生素，真的已经不食人间烟火了。他身体的感觉非常敏锐，对周围环境如有了变化，如陌生人的到来，或某些动物靠近他禅修的住屋，或天气将突然变化，他都会感受到某些预兆现象。所以普洱茶茶气在他体内的反应作用特别强烈，他也非常喜欢这种在体内的气感，从此他就跟普洱茶结下了不解之缘。

篇尾感言

的确，普洱茶品茗是属于比较深度而内涵的高层次艺术鉴赏。而且可以从这种高艺境活动中，透过特定的精神层面，臻至道的境界。

然而，有些人常常将普洱茶批评为根本不是茶，只是一种中药饮料；以及喝普洱茶的，都有一种乡愿或时髦的心态。造成这种不正确现象原因有两个，一是因为那些批评普洱茶的人，根本没有喝到真美的普洱茶；其次是那些人不懂得品尝普洱茶，常常以品尝其他茶种的方法来品尝普洱茶，那就难怪他们对普洱茶没有正确的观念了!

普洱茶品茗比较内涵而艰深，所以需要较长的时日，而且必须拥有较多的知识，透过一连串品饮真美普洱茶的经验，而融会贯通，才可能累积一些许功力。近年来普洱茶由一般普通茶水饮料，突然跃升为争相收购的典藏珍品，且奇货可居。在一般普洱茶市面上，可以上桌品尝的茶品，已经很难看到了。处于不容易买到真美的普洱茶品的今天，没有足够机会供给品饮者学习，因此极难提升目前一般普洱茶的品茗水平。

虽然，目前正是普洱茶热门的时候，但是许多正在极努力宣扬普洱茶的，多少都自我在困惑着，早就在怀疑普洱茶真的是这么好吗？因为他们一直被困在熟茶和霉变之中。这种困境必要有真美普洱茶来解惑，然而如今普洱茶生态环境改变了，真的普洱茶品已难得到。所以要学习普洱茶品茗，势必要运用到典藏珍品做为实习教材。在这种高学费情况之下，对普洱茶品茗困境，不但不能得以解惑，而且越困越深。陈年普洱茶品茗艺术，在时代交替中，在越陈越香不继之下，已经渐渐成为广陵绝响了！

月圆还缺缺还圆 此月一缺圆何年

注疏

“茶道”一词，原本是与“茶之道”，和“茶之技术”“茶之艺术”以及“茶之精神”等词汇性质相同。然而，茶道使用到今天，尤其受到日本文化影响，将“道”字多方面的，更广泛地应用，正如同我们将“艺”字一样毫无节制地使用开来，不但已形成一个广义的名词，更接近于泛滥了。 日本的茶道，跟我们的茶艺，这两个名词的含义，应该是与“茶事”相同。茶事，就是处理茶文化内涵层次的过程和方式。所以现在常用的“茶道精神”或“茶艺精神”，是经由茶的技术和方法，透过茶的艺术，以达成某些形而上的精神境界。其实，这就是“茶事精神”。而茶道原本是茶文化的最核心，而茶艺是茶文化的一层境界。如果一定要将茶道和茶艺作排列定位，可以作以下较概括性的顺序：茶技术、茶方法、茶艺术、茶精神、茶道。以上贯串的茶事体系，构成了茶文化的实体。

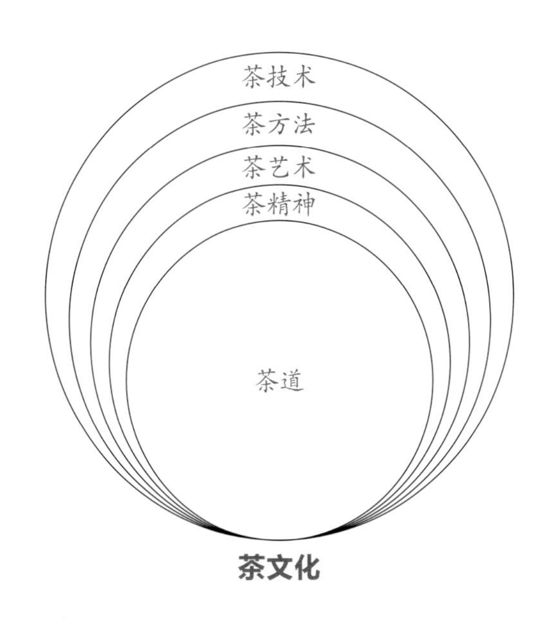

茶文化

目前茶文化发展比较发达，水准比较高的，也只有直接受到中国茶影响的几个国家，如台湾地区、中国大陆、日本和韩国等。但除了日本茶精神比较统一而贯彻始终外，其他几个国家地区的茶精神，都是没有一致性的认定。列举这几个国家地区的茶精神如下：

中国古代茶精神

1.精行俭德

2.俭清和静

3.清和淡洁静

4.中和、正善、俭静

中国大陆茶精神

1.和敬廉健

2.廉美和敬

3.健美敬和俭

台湾地区茶精神

1.静、真

2.清敬怡真

3.和俭静清

4.和俭静洁

5.正静清远

日本茶精神

和敬清寂

韩国茶精神

1.和敬俭真

2.清静和乐

茶文化的精神层面境界，会因为茶种的不同或技术方法的不同或方式、仪式的不同，以及品茗者的背景修养不同，以至于所达成的有所不同。也会因为整体大环境的变化，各国国情民族特性的差异，因而形成相异的茶精神。当然，在道观、在禅院和在儒门中品茶，因个人修炼的旨趣及其哲理思想有所差别，而导致茶精神发展更大大不同了。

中国茶文化本来就是一直融会在“清静无为”的精神领域中，也是以道家思想为主流。远在东汉张道陵创立道教于四川鹤山之前，道人已经在中国最古老产茶地区“蜀西南”，与茶结下修行成仙之缘了。后来，有吴理真被喻为道教一脉相承的宗师，在蒙山亲手种茶、栽培、制茶、品茗以及茶叶传播，被尊号为“甘露祖师”，开创了宗教茶事活动的先河。所以中国茶道的原点，不是佛家的禅，不是儒家的伦，而是道家的中心哲理思想，也就是“道”！在今天是以儒家哲理为最高哲理的中华文化中，溯本归宗，应该将“道”还给中国茶文化。返璞归真回到以“道”为茶道的中国茶文化。“道”而止于“静、真”导引了中国茶文化在静和真的精神中，融汇在现代中国茶艺中，即“自然、卫生、泡好茶”。

在中国数百种茶叶中. 普洱茶是最能继承而代表中国茶文化道统的。普洱茶性温顺而亮节，普洱茶品尝深邃而高雅。普洱茶经贮藏后越陈越香，具有历史生命；品茗艺境宁静淡泊，参修立命仙扬。普洱茶品茗阐扬的就是，我中华文化所传承的道家精神思想。所以普洱茶品茗追求最高境界在于“道”，普洱茶道在于“道”！完全吻合于中国茶艺“自然、卫生、泡好茶”。普洱茶是中国茶中之茶！

普洱茶的精神在于静真

静 是普洱茶技术求其静

真 是普洱茶方法求其真

静

静即自然。不呈欲望，不强求之，顺其自然，就是静。天地之间，苍生万物，都有其生死、运行、因果的道理。这些道理，有的是永恒性的“常道”，也有是时代性的“非常道”。永恒性的常道是先天自然，而时代性的非常道，因习惯成自然，是后天的自然。

然而，先天的自然也好，后天的自然也罢，都是自然，我们就叫它为“平常道”吧，也就是“平常自然”！就是符合一般大众所能共同接受，不是过时而做作，也不是时髦而标新立异之事；是实事求是、习以为常、合乎现代化的行为，那就是平常自然的行为，是为静!以现阶段时代性需要，茶技术的“静”，如下：

一切操作举动，必求合乎运动力学。
一切布置安排，必求合乎人体工学。
一切道具处理，必求合乎卫生健康。
一切态度应对，必求合乎平等交融。
一切秩序技术，必求合乎泡出好茶。

能吻合这些精神的茶技术，合乎平常自然，是为静的茶技术。

真

真即真性。天地间事事物物都有其真性，也就是事实真理。道家将事和物的道理，归为真。穷研尽究其真，为修道，不作任何假设，也不做任何不实。真人最高的智慧，是以最真实、也是以极残酷来面对生与死；以真生、真死之精神处理自己的生命。不愿意提及前世，前世只是杳杳不真；不愿想到下辈，下辈只是无无不实；只知道今生，今生却又是那么匆匆短促。

纵然如此，也只有经营今生最真实。延年益寿，长生不老，也就成为道人永恒传承的信念与工作。在漫长数千年以来，道家对长生的信念与工作，一贯秉持着真的大原则。

事物之始合乎真道
事物传承合乎真理
事物处理合乎真实
事物享用合乎真性

同样的在茶文化中，能吻合这些精神的茶方法，才是合乎事实真理，是为真的茶方法。

普洱茶品茗时，要求在技术方面：其操作举动、布置安排、道具处理、态度应对、秩序过程等都要合乎平常自然，以达到静的精神。

而在方法方面：普洱茶树的生长在樟山的乔木、普洱茶青的制作要日晒生茶、普洱茶品的陈化要干仓清新、普洱茶叶的冲泡要高温宽壶，普洱茶汤的品茗在真性之美。

如此，普洱茶品茗能透过静的茶技术和真的茶方法，离道化的茶道就不远矣!

普洱茶技术止乎于静，是以静的精神贯穿各项技术：一方面求品茗时的外在情境得以平常自然，使鉴赏的感受最真实。另方面也配合泡出好茶的需要，直接提升茶汤的真性品质。

普洱茶方法止乎于真，诉求于自然而良好方法条件，使普洱茶孕育完美的真性，发展并完全表现于茶汤中，使品茗者品尝到普洱茶真性——陈、香、滋、气。同时相济于静的技术透过人体感官功能，接纳了普洱茶真性，转移由心神感受而虚灵化境，终于止乎在道!

总的来说，普洱茶文化的整体技术和方法，其唯一的目的，在于全面营造平常自然情境之下，完全发挥普洱茶的真性，使品茗者透过品尝到最丰富且完美的普洱茶真性，由心神导引，臻及自然艺境，阶及静、真的精神，而止乎于道。

普洱茶真性是由茶汤中表现出来的，真性为其本质所表现的独有特色。当然，同为茶类，其真性会有共通相同之处，也可能达成相似的茶道内涵。如果是茶类与酒类，透过各自的真性，所达成的茶道和酒道境界，那就截然地各行其道，完全相异了。

因之，以道家之道为茶道的普洱茶品茗，并不考虑大环境所营造的诗意，或磅礴的气势，或者人和物共合关系的情景。这些气势及情景并非茶的真性，它们也可以同样应用到饮酒、抽烟之环境中，营造出同样的意境效果。

普洱茶道的追求，可以在诗情画意中得之，可以在街头巷尾里得之，也可以在墙角面壁下得之，因为透过普洱茶真性，而引发静、真精神使然。正如真人从入世而修道，道在我真性之中!

有了真性完美的普洱茶，从静的技术，由真的方法，品尝到其真性，是品茗普洱茶的下手功夫，也是最正确的普洱茶事。再上一层楼，从感受到普洱茶真性——陈、香、滋(甜、甘、苦、涩、津)、气，任由心神参透虚灵得以道化，而止乎在道。这一阶层功夫，品茗者必须对茶技术、方法以及普洱茶全面地认知，要有一定的素养。如果单论时间，也要五年以上的普洱茶品茗功力，才可能由精神层面，参化至道的境界。

普洱茶品茗而阶及道，除了要花上一段相当长时日，同时也必须冲泡和品尝过很多真美普洱茶。在历程上，首先要对普洱茶有充分认识及了解，包括普洱茶历史、生产、种类以及识辨其新旧、好、坏、特色，和知道制造、陈化等方法理论；再者能掌握冲泡的技术方法，而后才能品尝出普洱茶的真性，而更进一步能完全接受，且喜爱普洱茶的品饮。由知普洱、而会普洱、而懂普洱、而爱普洱、而后能超越精神层面参化在道。

茶谱篇的选择仅限于作者本人所收藏或品尝过的陈年普洱茶品

茶汤颜色

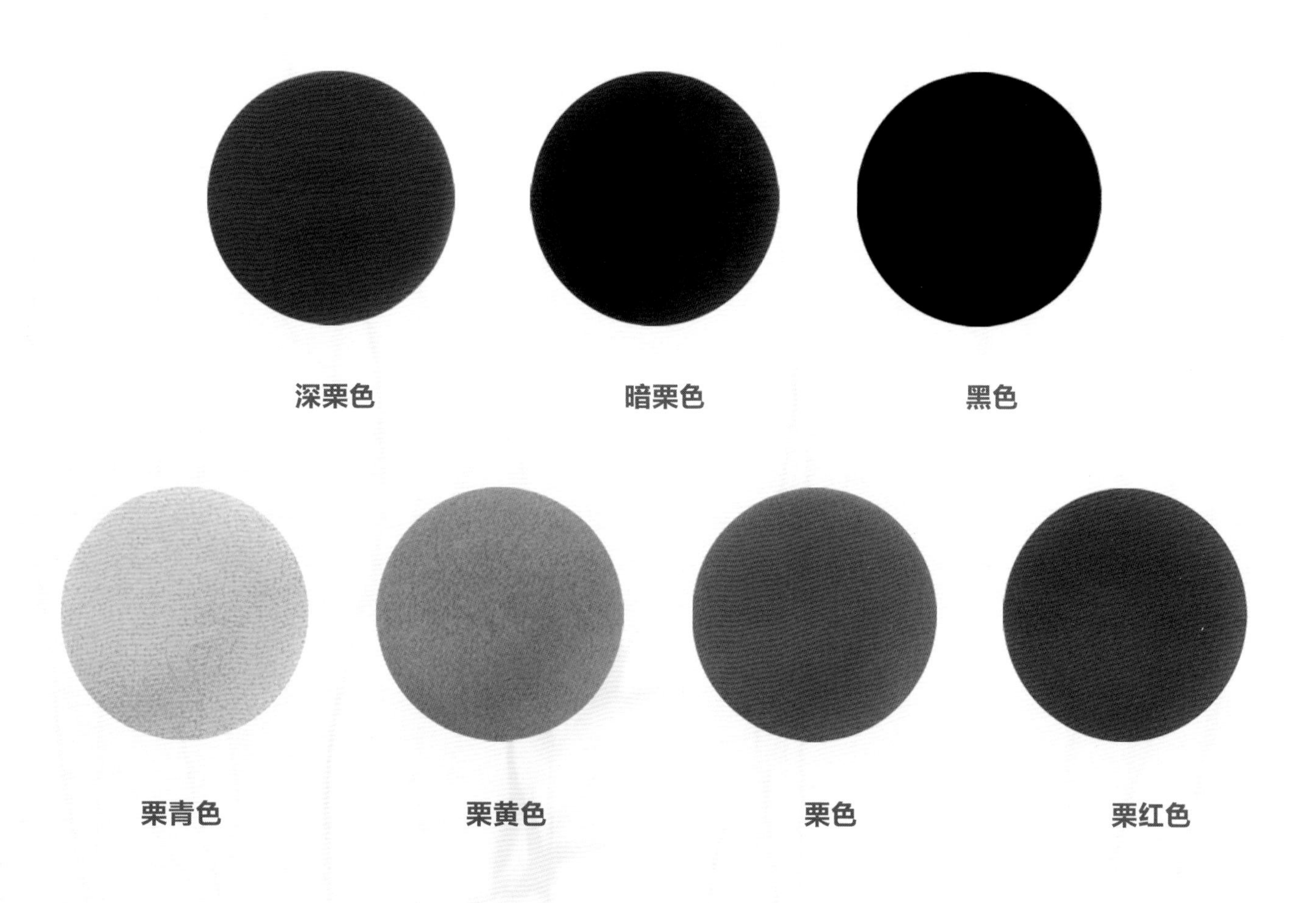

作者背后为宁洱镇普洱茶厂所在地址，曾经为清廷制造了近两百年的普洱贡茶

清代贡茶

图取自《中国茶经》高贵林摄

金瓜贡茶

茶厂：普洱贡茶厂	筒包：不详	仓储：干仓	茶香：不详
茶山：倚邦茶山	图字：不详	陈期：约150年	茶韵：古韵
茶树：小叶种乔木	饼包：不详	色泽：金黄	味道：淡薄
茶青：一等	图文：不详	气味：无	水性：化
茶型：金瓜圆形	内票：不详	条索：芽头	喉韵：不详
规格：不详	内飞：不详	汤色：汤有色	生津：不详
重量：3300g	工序：生茶	叶底：不详	茶气：不详

金瓜贡茶

普洱茶太上皇 金瓜贡茶

清朝雍正七年(1729年)，云贵总督鄂尔泰选取最好的普洱茶青，制成团茶、散茶和茶膏，进贡皇室作为贡茶，普洱茶成了贡茶行列中的一员。同时普洱茶在一夜之间，就成了进贡茶品中的新宠。“普洱茶名遍天下，味最酽，京师尤重之”。更有“夏喝龙井冬饮普洱”的宫廷美谈。明朝《滇略》中说：“士庶所用，皆普茶”这句话，应该是为清朝而写的。为了配合贡茶的质和量的控制，明文规定“贡后方许民间贩卖”，普洱茶已风靡了全天下“入山作茶者数十万人”，普洱茶事业，曾经盛极一时!

“茶生银生城界诸山。散收，无采造法。”普洱茶原本也是散茶，而什么时候将普洱茶改做成型茶？却找不到具体的历史资料。我们只知道唐宋时期，或以前多是将各种茶做成团沱的，尤其在陆羽的《茶经》中，有很详细的记载。明太祖建立明朝，立即“废团茶而兴散茶”，他认为团茶是有钱人、贵族享受的奢侈品，遂以禁产团茶，改做散茶而立政令，以杜绝斗茶无益的游戏，并规定以散茶进贡，起带头之风。然而普洱茶又如何能逃过劫难？仍然保有传统的团茶雄姿，未打碎变成散茶，也是无从考据了。

云贵总督鄂尔泰，在普洱府宁洱县建立了贡茶茶厂，开始了普洱贡茶近两百年的生命史。更重要的是不但有制造团茶的普洱贡茶，且更设计大小不同的团茶形式。“普洱茶成团。有大中小三种。大者一团五斤，如人头式，称人头茶，每年入贡，民间不易得也。”所以那些五斤大团的贡茶，也叫“人头贡茶”。

作为贡茶的普洱茶，都是采用幼嫩芽茶的女儿茶制成。“女儿茶亦芽茶之类。取于谷雨后，以一斤至十斤为一团。”女儿茶是由当地少女们所采摘，因而得名。“皆夷女采治、货银以积为妆资。故名。”相传作为贡茶的女儿茶，都是由未婚的少女采摘，采下的芽茶得先放入怀中，积到一定数量，才取出放到竹篓里。采来的女儿茶，与茶园主人对分，以作为工资。少女们将分得的女儿茶拿到市面销售，往往都被抢购一空，而得的钱作为嫁妆之用。

“所谓普洱茶者，非普洱府界内所产，盖产于府属之思茅厅界也。厅治有茶山六处。…… 于二月间采蕊极细而白，谓之毛尖，以作贡。”用来制造人头贡茶的普洱茶青，都是一级的芽茶，经长期存放后，会转变成金黄颜色，所以人头贡茶也叫“金瓜贡茶”，或叫“金瓜人头贡茶”。

云贵总督鄂尔泰，在思茅设立官办的茶叶总店，选最好的普洱茶进贡朝廷，也带动思茅成为六大茶山茶叶的购销集散中心。雍正十二年三月的官方文告《禁压买官茶告谕》中有：“每年应办贡茶，系动公件银两，发交思茅通判承领办送。”在《大清会典事列》有记载：“宁洱县秋粮每石折银二两。”现在的普洱自治县宁洱镇，仍留下一条昔日车水马龙，集散普洱茶的古街道。普洱贡茶的茶青，是来自云南省最南境的六大茶山，由马帮走过了两三百里的石块古茶道，运送到普洱府宁洱县县城的普洱茶厂，再加工精制成各类型普洱贡茶。

1936年北京故宫处理清宫贡茶，总共留下有两吨多，其中有一些是普洱贡茶。这些普洱贡茶大者像金瓜，小者像乒乓球状．最大的重五斤半(3300克)左右。这一批普洱茶保存良好，未曾霉变。曾经取了一些试泡，而评语是：“汤有色，但味陈化、淡薄。”20世纪60年代期间，因为大陆茶叶生产失调，将这批普洱贡茶打碎后掺进其他普洱茶出售掉，唯留下一两个较大的金瓜型贡茶，作为历史文物留念，目前保存在浙江杭州的“中国农业科学院茶叶研究所”。

普洱金瓜贡茶，我们称之为“普洱茶太上皇”。太上皇是有着无限的荣誉和尊贵，但是毫无施政权力。金瓜贡茶有太上皇的崇贵，但已无法分享其香韵滋味，不就是普洱茶品中的太上皇了吗?

此图金瓜贡茶茶青较粗壮，年代并不很长，约100年陈期左右（图取自《中国　茶的故乡》）

贰 福元昌号

福元昌圆茶

茶厂：福元昌茶庄	筒包：竹箬竹心篾	仓储：干仓	茶香：野樟香
茶山：易武茶山	图字：不详	陈期：95年	茶韵：陈韵
茶树：大叶种乔木	饼包：无	色泽：栗黄油灰	味道：微甜
茶青：三等	图文：无	气味：无	水性：化
茶型：圆茶	内票：图8.7cm × 9.3cm	条索：宽长	喉韵：润
规格：直径21cm	内飞：纸5.27cm × 7.5cm	汤色：栗红	生津：舌底鸣泉
重量：310g	工序：生茶	叶底：深栗	茶气：强

清代末期以前，一直都是以倚邦茶山(后来称为“倚邦茶区”)的普洱茶品最受欢迎，而且以小叶种普洱茶著称，尤其在清朝是贡茶的主要茶种。开设在倚邦茶区的茶庄商号很多，后来流传而继承下来，有史料可考的，要推“宋云号”和“元昌号”两家茶庄。这两家茶庄同是创立于光绪初年(《版纳文史资料选辑》4，第34页)。宋云号茶庄在光绪初年创业，到民国初年暂时歇业，1921年重新开业，每年制造普洱茶二百多担，以销往四川为主。元昌号茶庄也是创设于光绪初年，每年制造普洱茶四五百担．以运销到四川省及北方地区。到了民国初年停业后，全部业务就此停止营运，并不再复业。

清代中期，易武山普洱茶事业已逐渐崛起，更早时期已经建有一条运送贡茶古道，后来并铺成石块马道，连接了易武镇和倚邦茶区。两地相隔仅数十里，然两地区的茶叶，一为最适合制成普洱贡茶的小叶种茶，另一则是最好的越陈越香大叶种普洱茶品。一般茶商多跨着两茶区同时设有茶厂。元昌号茶庄在光绪年间中期，也在易武大街开设了茶厂分行，叫“福元昌号”茶庄，专门采用易武山大叶种普洱茶青，制造精选茶品，以供普洱茶品茗者，或销售到海外市场。“光绪二十六年易武周围到处是老茶树，另外还种了不少茶地……那时期光是易武街曾产茶千多担。”(《版纳文史资料选辑》4．第33页)

光绪末年，云南南部所有的茶庄和茶厂，都因为地方治安恶化，疾病流行，而几乎全部歇业停产。倚邦的元昌号茶庄和易武的福元昌号茶庄，也逃不掉关门闭厂的噩运，倚邦元昌号茶庄就从此结束了。而开在易武大街的福元昌号茶庄，则在1921年左右，再度复业营运。“易武街在1929年制圆茶（七子饼茶）的茶号有……朱瑞兰、宋斌元、朱玉培、俞福生、许荣坤等五家各500担”(《版纳文史资料选辑》4，第32页)。其中俞福生，应该是“余福生”，就是元昌号茶庄

福元昌圆茶茶筒

和福元昌号茶庄的主人。目前已经看不到元昌号普洱茶品了，只有福元昌号普洱圆茶，仍留有极少数在收藏者手中，已经很难在普洱茶流通市场上看得到。有几饼福元昌圆茶，是周渝兄在香港向一位八十八岁李老先生割爱而得来。据李老先生的口证，这筒福元昌圆茶在他手中已有六十八年，他认为应该有九十年以上陈期了。从其陈韵来断定，确实与同庆老号圆茶不相上下，应该是光绪年间制造的百年普洱茶。

包装的竹箬虽然没有同庆老号那种特级顶好品质，但已经属于很好的材料。在顶上面片竹箬上，原本是写有字的，但因年久而剥落，无从完全辨识。简包的竹箬竹篾已极陈旧，其捆绑技术和同庆老号者雷同。从外观看来，整体做工确实十分用心而讲究，可知里面包里的必定是上好普洱茶品。每筒压有内票一张，规格约11厘米正方形，橘红底色，蓝色图字。四边框以云纹图案，内写明“本号在易武山大街开张福元昌……以图为记庶不致误余福生白”共八十八字，字体正楷工整，其中有“阳春”和“余福生白”字句，是另外以朱砂红印章盖上的。每一饼有一张5厘米×7.5厘米的长方形内飞，也是四边框以云纹图案，内写明“本号易武大街开设福元昌记……主人余福生”共五十五字，字体正楷美观。内飞有宝蓝色、紫色和白色底三种，朱红色图字。经过仔细研究发现，内票和内飞的图字都是刻成印章，以手工印盖出来的，别具艺术意义和价值。过去的内飞、内票都是以糯米纸做成，多半已被虫蛀蚀，难存完整之身了。

福元昌圆茶是采用最优良大叶种普洱茶青制成，茶叶厚大，条索宽扁，土栗中略带灰色，油光淡薄。茶气仍强，充分表现出易武正山普洱茶的特性。那蓝色、紫色内飞者是属于较阳刚性茶品，而白色内飞者则是阴柔性，两者茶性各具特色。最近已经发现福元昌圆茶劣品，像是早期的赝品，其茶韵很新，还有一些涩味，叶底呈暗栗接近黑色，多厚硬大片的单叶茶青。从茶饼表面极难辨别出真伪，必须冲泡品鉴以后才能看出来。福元昌圆茶那种磅礴雄厚的气势，十足代表了普洱茶的雄壮男性美，是现今普洱茶行列中的“普洱茶王”！

福元昌圆茶叶底

福元昌圆茶内飞、内票

白飞的福元昌茶饼

叁

车顺圆茶

茶厂：车顺茶厂
茶山：易武茶山
茶树：大叶种乔木
茶青：四~六等
茶型：圆茶
规格：直径21cm
重量：330g

筒色：竹箬竹心篾
图字：不祥
饼色：无
图文：无
内票：圆7.5cm × 7.5cm
内飞：纸3.5cm × 5cm
工序：生茶

仓储：干仓
陈期：90年
色泽：栗黄油亮
气味：无
条索：宽长
汤色：栗红

茶香：野樟香
茶韵：陈韵
味道：微甜
水性：顺滑而化
喉韵：甘润
生津：舌底生津
茶气：强

肆 同庆号一

同庆老圆茶

茶厂：同庆茶庄	筒色：竹箬竹皮篾	仓储：干仓	茶香：兰香
茶山：易武茶山	图字：同庆14字	陈期：90年	茶韵：陈韵
茶树：小叶种乔木	饼色：无	色泽：深栗	味道：微甜
茶青：三~五等	图文：无	气味：无	水性：化
茶型：圆茶	内票：纸10.8cm×13.3cm	条索：细长有梗	喉韵：甘润
规格：直径20.5cm	内飞：纸3cm×5cm	汤色：深栗	生津：舌底鸣泉
重量：340g	工序：生茶	叶底：深栗	茶气：强

易武镇是五大茶山南边入山必经之处，所以将五大茶山也称为“易武茶区”。五大茶山中的“慢撒山”位在其他四山的东南，而易武镇则在此山最南端，因此慢撒山也叫“易武山”。清朝时期的1825年，阮福著《普洱茶记》中有载“但云产攸乐、革登、倚邦、莽芝、蛮专、慢撒六茶山，而依邦蛮专者，味最胜”，也说明了六大茶山中的倚邦山和蛮专山所产的普洱茶茶味最好。送进朝廷的贡茶，多是来自这两座山的茶青所制成的，是属于小叶种普洱青茶。如论越陈越香，非易武茶山的大叶种普洱茶莫属了！

到清朝末年，云南茶商大多集中在易武开设毛茶工厂，一方面在易武山就近可以取得最新鲜的大叶种普洱茶青，做成较好的毛茶；另一方面也因为有了许多毛茶工厂，而引进了较好的技术，并带动了茶山的开发，因而易武的普洱茶产量是六大茶山之冠，而且品质也是跃居第一。所以许多茶商都标榜他们的茶厂“开设在易武大街，精选易武正山阳春细嫩白尖。”而所谓“易武正山”，就是指易武山，也是慢撒山。因为易武茶区有五大茶山，有些资料统称“易武大茶山”。易武山是其中之一座茶山，后来为了方便于区别，将易武五茶山中的易武山叫“易武正山”，也叫“正山”。（1984年官方决定将莽芝山归到倚邦山，而将慢撒山的北山定为曼洒山，南山为易武山，因而易武茶山区域缩小了。）

同庆号茶庄于1736年在易武设立了毛茶工厂，工厂规模算是最大的之一，产量也很高。其历史可算是最久的，前后历经了二百多年。代表“同庆老号”的“龙马商标”内票、内飞使用了一两百年后，于庚申年（1920年）间更改为“双狮旗图”。之后，直到新中国成立后茶庄国营，才宣告歇业。同庆号茶庄的普洱茶，一直都被喻为品质最佳的茶品。

同庆老号内票。是1920年以前同庆号茶庄使用的内票，版刻图字，工艺细致，有古董艺术价值

同庆老号龙马商标圆茶的类别很多，而目前在市面上可以买到的这一种，是最老的两三种

普洱茶品之一。其茶龄将近一百年，所以被一般茶商喻为“清末国宝级百年普洱”。香港的“金山楼”茶楼，已经有好几代经营历史，都以港式饮茶营业。多年前主人到美国经商，所以店面歇了业，仓库封锁了起来。饮茶的茶楼多以普洱茶为主茶，其原因有二，一是因为饮茶时都吃了很多甜点，或油腻点心，特别需要普洱茶帮助去油解腻。另一方面，到茶楼饮茶的，通常一坐就半天，所以香港人常常说“一盅两件，坐一日”。只有喝普洱茶，才能喝上一天。“去油腻而不伤胃，不刺激不兴奋”，是陈老普洱茶的特色。如采喝绿茶或乌龙茶，喝上了一天，而且只吃一两件点心，没有多少茶客能受得了的。就这样子，普洱茶成了香港茶楼的最爱。每每茶楼买进来的普洱茶，遇到有上好的茶品，师傅们就把它存下一部分，或全部都先存到仓库，舍不得马上推出店面售卖，或冲泡给客人喝掉。尤其一向都是喜爱喝“菊花普洱”的香港人，茶楼往往用比较粗劣品质的茶叶，多加一些菊花，茶客就很能接受，所以茶品的好坏优劣，已经不重要，好茶能留下就留下来吧!在香港回归前，许多到外国经商的，都赶回来处理留下来的产业，所以先后陆续地打开了好些存有普洱老茶的仓库。“金山楼”“龙门茶楼”仓库也是在这种情况之下先后打开的。从仓库中起出了同庆号、敬昌号、江城号、红印、绿印甲乙等上好普洱茶。这段时间，台湾地区已经开始流行喝普洱茶，香港商人看准台湾的茶友，有雄厚购买力，将全香港的好普洱茶都销售到台湾来了。我们以收购宜兴壶那种排山倒海的气势，碰到好普洱茶都来者不拒，台湾地区的普洱茶收藏者，变成了最富有的普洱茶大户。已经有一些香港朋友，回过头向台湾购买老普洱茶了!

从“金山楼”“龙门茶楼”出来的这两批同庆老号圆茶，可以说全部都落到台湾普洱茶收藏者手中。有人准备将这些硕果仅存，最陈老的普洱茶，列表登记以明了其动向，以及成立“同庆普洱联谊会”举办共同品茗及评鉴同庆号普洱茶活动，相信会进一步带动普洱茶的品茗和收藏风气!

同庆老号圆茶虽然将近一百年了，但是每

本莊向在雲南
久歷百年字號
所聚普洱督辦
易武正山陽春
細嫩白尖葉色
金黃而厚水味
紅濃而芬香出
自天然今加內
票以昭真偽
雲南同慶老號啟

同庆老号圆茶内飞

以墨用手写的“同庆字号”

一筒的竹箬包装仍然非常完好。这些竹箬都是生产在云南大竹子上的笋干外壳。云南土地肥沃，竹子粗壮，笋干大而竹箬大片，且韧性特强。竹箬纤维强韧耐久不会败坏破碎，同时又有防潮、过滤杂味的功效，是包装普洱茶最理想的材料。同庆老号圆茶是采用最好的竹箬包装，表面是浅金黄色，颜色浓淡均匀，呈现油面亮光，纤维修长，纹沟深直。整筒茶都是采用同一种竹箬，整齐匀衬，柔和美观。一般比较普通品质的普洱茶，所用竹磐的品质也比较低劣，往往选一片特别好的，作为顶上的面片，以写字落款其上。而同庆老号所用的，全部都是最好竹箬，所以无需特选专用的面片。

捆绑同庆老号圆茶竹箬的竹篾，是竹皮的竹篾，颜色与竹箬很相似，韧性强，且不易生蛀虫，耐久不断。到了后期(1949年)以后所生产的普洱茶，或是边境普洱的包装，多采用肉心竹篾来捆绑。

而近期(1970年)以后生产的普洱茶，更改用麻绳或铁丝代替了竹篾。同庆老号普洱圆茶的竹箬包装及竹皮的竹篾捆绑技术极为讲究。当竹箬还生软没有干硬时，包在普洱圆茶外边，然后利用竹篾顺着两饼圆茶之间用力绑紧，形成了外表显出一饼一饼凸出的轮廓，极为立体、有力而美观，每一筒是七饼圆茶，绑了六道竹篾，每一道绕两圈后，两端相绞合绑紧，编成排扣形状的结构，精致美观，配在绑紧成筒的竹箬外，显示出老朴传统，古意盎然。

在茶筒顶上面片竹箬上，用金红色朱砂写着

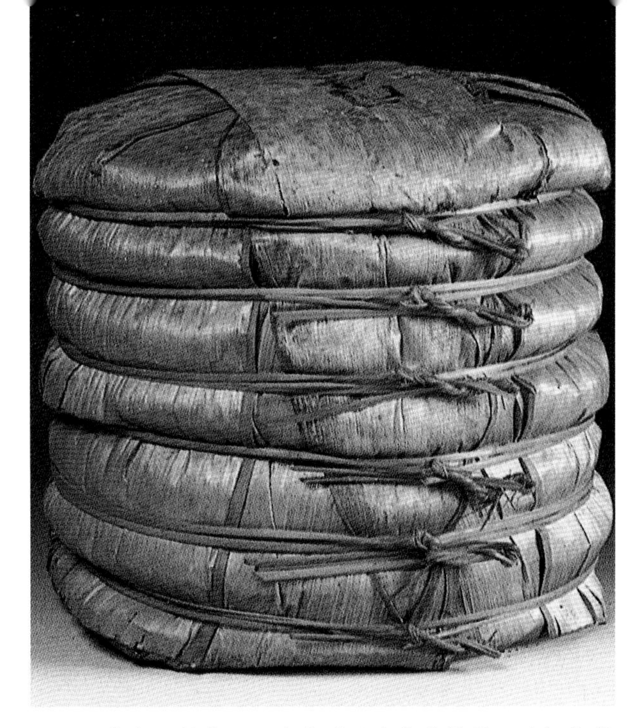

同庆老号茶筒，无论所采用的竹箬竹篾以及捆绑技术，足以成为艺术古董

“阳春”两字，右边的一直行是“易武正山”。左边的一直行是“阳春嫩尖”，中间一行较大字，是用墨写的“同庆字号”的茶庄店号。字体都是工整的正楷，其中“同庆字号”是毛笔手写的，更增加其艺术价值感。

每一筒同庆老号普洱圆茶，在上层的第一饼和第二饼之间，压着一张“龙马商标”内票。是木刻版印图文，白底而图字为红颜色，因为时间久了，红色已略略淡白些。图的上方横写着“云南同庆号”，图案中有白马、云龙、宝塔等景物。商标的下方有着文字，写着：“本庄向在云南久历百年字号所制普洱督办易武正山阳春细嫩白尖叶色金黄而厚水味红浓而芳香出自天然今加内票以明真伪云南同庆老号启”，每张内票往往都被虫蛀或是自然腐蚀已不成形。甚至已经成为碎片!

同庆老号龙马商标普洱圆茶，是采用三月阳春时分，易武山三、四、五等细嫩茶青制成。茶的条索细长而结实，经长期贮存，饼面呈深栗，带有金黄色的芽尖，有细条茶梗。饼身较宽，直径约20厘米，每饼重约340克（九两）。腹面的脐臼比较宽大，如以拳头压陷出来的，成不规则的圆形。每一茶饼背面半埋着一张5厘米×3厘米内飞，是白纸红字，双线画成一个椭圆形圈子，圈内的文字与大张的内票所印的字句内容完全相同，饼身仍然很结实，但边缘部分已经浮松，极容易散开脱落，从茶饼闻不到茶香，看起来不是那么红润油光，因为是采用级次较嫩茶青制成，油质自然较薄，所以油光呈现较弱些。因之这批茶刚上市时，有许多专买卖普洱茶的老茶商，都看成了边境普洱。形成在出仓时卖价很便宜，只经过一两年光景，身价已翻了四五倍，大家终于认识了其国宝级身价!

茶汤深栗色，但透彻，有一股幽雅兰香，茶汤入口水路细柔滑顺。茶味淡淡，略带甘蔗甜味。品尝老同庆的滋味时，要拥有几许若有若无的道家哲学意境。茶汤经过口腔，不会留下苦味，也没有涩感。然而，如古人所最为赞赏的“舌底鸣泉”油然而生。依据一般品茗知识，能够由舌根底下生津的，必须要有一定陈化年限的老茶。以普洱茶品而论，陈化在七八十年以上的好普洱茶，才会出现舌底鸣泉的气势。茶韵已很陈老，从茶汤中可以感觉到陈化时间的厚度，其生命力道极为微弱，但是却非常的纯正而深峻。

同庆老号圆茶的气数已升华，虽然没有像后期产品，“双狮旗图”圆茶普洱，或中茶牌“红印圆茶”普洱那种“力拔山兮气盖世”的茶气，但是从其细韧绵绵，忽隐忽现，齿颊留香的陈年茶气中，品茗者可以体会且明显感觉到，百年历史岁月随着茶气，在全身经络潜遁而流过，无形地在我们的生命中多延长了上百年时光!

福元昌号圆茶充满易武普洱茶那种碍礴气势，而博得普洱茶品至尊为“普洱茶王”；而同庆老号圆茶，凭着其幽雅内敛，绝冠群伦，是极柔和性优美茶品，不愧为“普洱茶后”。

从唐朝樊绰的《蛮书》中，可以看出普洱茶在那个时期，已经由西双版纳运销到五百公里外的蒙舍。到了元明时候，普洱茶却多数集中在普

从云南石屏上昔日同庆号茶庄旧址（石屏县棂星门庙对面），可以看出当年普洱茶那页风光历史

洱府交易，也因地名而得茶名。

清朝末年之前，都以普洱地方作为普洱茶的集散中心，尤其是在雍正年间，云贵总督鄂尔泰，在普洱府的宁洱地方建立了普洱贡茶茶厂，将普洱府的普洱茶商业交易带到了最高潮。每年进贡清朝宫廷的普洱贡茶，价值一千多两银两，以当时的物价，可以买到十多万斤稻米。而民间的交易，除了销到内地的西藏、新疆、西康等地区外，以后更开拓了海外的普洱茶市场，多是以香港为中心点，向东南亚以及美洲经销；另一方面则是由云南陆路经缅甸、印度，向中东地区和欧洲国家传销。因此普洱茶的市场由国内，渐渐向海外发展，销售量日渐增加。

18世纪末及19世纪初，是普洱茶鼎盛时期，“入山作茶者数十万人”，可见当时盛况之一斑。“茶客收买运于各处”，普洱茶的买卖除了在普洱府之外. 已经有茶商进入茶山收购，普洱茶的贸易市场已形成多元化了。19世纪末以后，不但有茶商入山买茶，更有商人索性入山建厂制茶，完全按照自己需要和标准，制造更好的普洱茶。《清朝通典》有载：“凡商贩入山制茶不论精粗，每担给一引，每引额征纸价银三厘三毫”。当时茶商八山制茶已蔚为风气。

原本普洱府为唯一的普洱茶集散地，也慢慢失去了其重要性。尤其到了清朝中期以后，云南普洱茶茶商为了争取最好的茶青，以制作最上好的普洱茶品，纷纷在茶叶产区设立毛茶工厂，方便就地采购，并且保有茶青的新鲜度，以控制生产品质和声誉。从此以后. 到普洱地方集体交易普洱茶的商业行为，已经成为历史名词!

过去从茶山到普洱府的古茶道上，行走的都是马帮和茶农。而自从茶商入山制造之后，在茶道上走的就显得复杂很多，交通更拥挤了；沿途都是人潮熙攘、车水马龙。有许多较大的茶庄，甚至在茶山地区开设采购站，以及建设毛茶工厂。同时，1897年法、英两国，在思茅建立了海关和领事馆，做起茶叶生意。云南省思茅地区文物管理所黄桂枢先生提出论文指出“19世纪在思普区进行茶叶贸易的茶商有两大部分，石屏茶商主要垄断易武茶区的茶叶运销；腾越、思茅茶商（包括英、法商人）主要垄断勐海、勐遮茶叶的运销。此外，中甸、德钦的藏族商队，每年有驮马三百至五百匹来西双版纳驮运茶叶，销往西康、西藏，每年约三千担。”

同庆号茶庄的总店在石屏，叫“云南石屏同庆号”。而茶叶制造厂设在易武山大街，叫“易武同庆号茶厂”。一百多两百年以来，同庆号就在易武山种植茶园，也收购茶青，将制作好的普洱茶运回石屏总发行，然后一部分即时销售，大部分的送进仓库存放，长期陈化。同庆号茶庄一向以制作以及销售最好、最高级的普洱茶闻名遐迩。凡是从同庆号茶庄出来的普洱茶，都是信用可靠，品质上等的代表。同庆老号的“龙马商标”由于“近来假茶渐增依靠愈众……故自庚申所八月改换双狮图为记”，所以在1920年以前出厂的龙马商标普洱茶，我们称之为“同庆老号普洱”或“龙马同庆普洱”。而以后的则称为“双狮同庆普洱”，以示区分其先期和早期的产品。现在一般普洱茶爱好者，都把这两期的普洱茶视为珍宝，而且是国宝级的茶品。

伍 同庆号二

同庆圆茶

茶厂：同庆茶庄	筒包：不详	仓储：干仓	茶香：野樟香
茶山：易武茶山	图字：不详	陈期：70年	茶韵：陈韵
茶树：大叶种乔木	饼包：无	色泽：栗黄油色	味道：微甜
茶青：三等	图文：无	气味：微樟香	水性：厚滑
茶型：圆茶	内票：图11.5cm × 13cm	条索：扁长	喉韵：润
规格：直径22cm	内飞：图4.5cm × 7cm	汤色：栗红	生津：舌底鸣泉
重量：300g	工序：生茶	叶底：栗黄	茶气：强

同庆圆茶的类别很多，目前可以看到的，应该是民国初年的产品，陈期约七十年。同庆圆茶留下来的，数量已经没有超过一两筒。这些茶品都是以单饼出现，看不到整筒的形态。每饼埋贴一张4.5厘米X7厘米横式内飞，白底朱红图字。饼面较宽大，直径约21厘米，饼身薄扁，重约320克，条索扁长，典型民国初期易武茶区大叶种茶青，呈栗黄色，油亮光泽。有着顶好野樟茶香，但稍嫌淡薄，那是跟较长的陈期有关，陈韵十足。水性圆厚滑顺，润喉微甜，茶气颇强，已臻达舌底鸣泉境界，称得上普洱茶中极品！

同庆普洱圆茶内飞

1920年以后同庆号茶庄改用的双狮旗图内票

陆 陈年普洱

红芝圆茶

茶厂：不详	筒包：不详	仓储：干仓	茶香：野樟香
茶山：易武茶山	图字：不详	陈期：100年	茶韵：陈韵
茶树：大叶种乔木	饼包：不详	色泽：深栗油色	味道：淡
茶青：三等	图文：不详	气味：无	水性：化
茶型：圆茶	内票：不详	条索：宽长	喉韵：回甘
规格：不详	内飞：不详	汤色：栗红	生津：舌底鸣泉
重量：不详	工序：生茶	叶底：深栗	茶气：强

红芝圆茶

家父出生在广西，青年时只身到马来西亚做劳工，家母祖籍在广东，本人的两广家庭，也是普洱家庭。虽然在家每天喝的是大壶普洱茶水，偶然也会有很好的普洱茶品。那时候普洱茶市场，高级茶或普通茶在价格的差异上并不是很大，所以好茶、差茶通通都泡成大壶茶。更有些时候，将好茶掺差茶一道冲泡，以增加茶水的品味。有着太多极好的普洱茶品在南洋，就这样被大壶冲泡掉，或掺在普通茶中流失掉。根据以往流水账目显示，南洋各国城市应该存有可观的普洱茶极品，但是始终找不到好普洱茶的踪影。这个悬案一直存在一般普洱茶商和大部分的普洱茶品茗者心中，好普洱茶哪里去了?答案很简单，南洋老华侨饮用普洱茶，不分好坏，也很少会特别重视好坏，一律以大茶壶统一处理之。就如同目前我们的饮食环境，肉鸡、土鸡、山鸡一律煮成三杯鸡，从此山鸡将成未来野生动物研究者心中的悬案了!

多年前家父过世了，留下一个老旧茶罐。一个不起眼的白铁茶罐，什么时候封起来的，也是个悬案了，装着没有标记，而破散已不成形的普洱饼茶。那年母亲知道本人还能承接家父普洱茶嗜好，继续喝普洱茶，便从老远的马来西亚抱着那茶罐坐飞机到台湾来，当天晚上就开罐试茶。当第一口茶汤还没有完全吞咽下去，猛起身三步跨成两步，冲向母亲跟前问道："老家还有旧茶罐吗？"于是命名为"红芝普洱圆茶"。

红芝普洱圆茶从其陈韵推断，应该有一百年以上的茶龄。没有任何标记，只能从不完整的茶型，看出是圆饼茶品，现在留下来那些，已经完全变成散茶了，不管是从其外观的色泽、条索、叶片、叶型以及茶汤品味，都是上等好茶。是野樟茶香，有香无味，入口即化，润喉回甘，舌底鸣泉，茶气劲足，是本人所品饮过的茶品中，最上好的普洱茶了!

红芝：红色在现阶段是代表普洱茶至高无上色彩，也代表樟香的颜色；灵芝是中医至珍贵药材之一，不但其药性独特，更有"万年灵芝"陈古的表征。红芝普洱圆茶订名意义，在于对这些不知年、不知名极珍贵茶品，凸显出其清雅高贵，古意盎然的特质和身价。

有许多普洱茶爱好者，也时有收藏到不知年、不知名的极上好茶品，因一方面失去了标记商号，无从识别其真正年期、厂牌和茶青等；另方面也因对普洱茶评鉴功力还不甚足够，所以即使遇上了极好上品，可能只把它当着一般不知名陈年普洱茶喝掉了。以往有太多私人茶庄所制造的茶品，不加上标志图记的，或者老一辈普洱茶品茗者，将茶品加封收藏之前，习惯将内票内飞及其他杂物清除，常常遇上无名无牌的好茶，因而错过了!

柒

敬昌号

敬昌圆茶

茶厂：敬昌茶庄	筒包：竹箬竹心篾	仓储：干仓	茶香：野樟香
茶山：曼洒茶山	图字：敬昌茶号22字	陈期：60年	茶韵：陈韵
茶树：大叶种乔木	饼包：无	色泽：栗黄油面	味道：微甜
茶青：三等	图文：无	气味：无	水性：细柔顺滑
茶型：圆茶	内票：纸13.5cm × 15.2cm	条索：扁长	喉韵：回甘
规格：直径21cm	内飞：纸4.5cm × 6cm	汤色：栗色	生津：舌面生津
重量：340g	工序：生茶	叶底：栗青	茶气：强

“曼洒茶山位处老挝边境，包括版纳易武的曼洒、曼黑、曼乃和曼腊四个乡。”“曼乃乡在曼腊北面，与江城县康平区相连。”(《版纳文史资料选辑》4，第28页)曼洒山就是以前易武山的北山，曼洒茶山的茶性仅次于易武茶山。曼乃乡是曼洒山之一乡，位连江城县，漫洒茶山茶青都是通过江城地区运销出去的，所以江城的普洱茶品向来闻名海内外。

“在清光绪年间私商就经营普洱茶出口，主要有通海帮信昌号……都在昆明等地和国外设有机构。敬昌茶号（信昌号前身）在江城制成七子饼茶后，雇牛帮或马帮运往老挝，再装木船运往越南、泰国至香港销售。”（《云南省茶叶进出口公司志》第153页）1921年时敬昌号茶庄是江城地方最大最有名的普洱茶庄之一。

在所有先期私人茶庄的茶品中，要推同庆和敬昌圆茶的工序、制造技术最精良，如茶饼压制技术、筒包技术、竹箬篾条材料、内飞内票的设计和印刷，以及贮存陈放方法等都是最高级的。现在普洱茶界都以这两种茶品，作为普洱茶的品质标杆。流通于现在市场的普洱茶产品，敬昌号、同庆号等，其数量都是极度欠缺。想要购买或收藏，只有可遇不可求的机会。

敬昌圆茶是采用“普洱正山”，也就是曼洒茶山最上好茶青制成，大叶种茶树，条索肥硕，叶子宽大，茶青看来好像泡过茶油似的. 油亮十分充足，有着金黄色硕大的毫头。茶饼的压制技

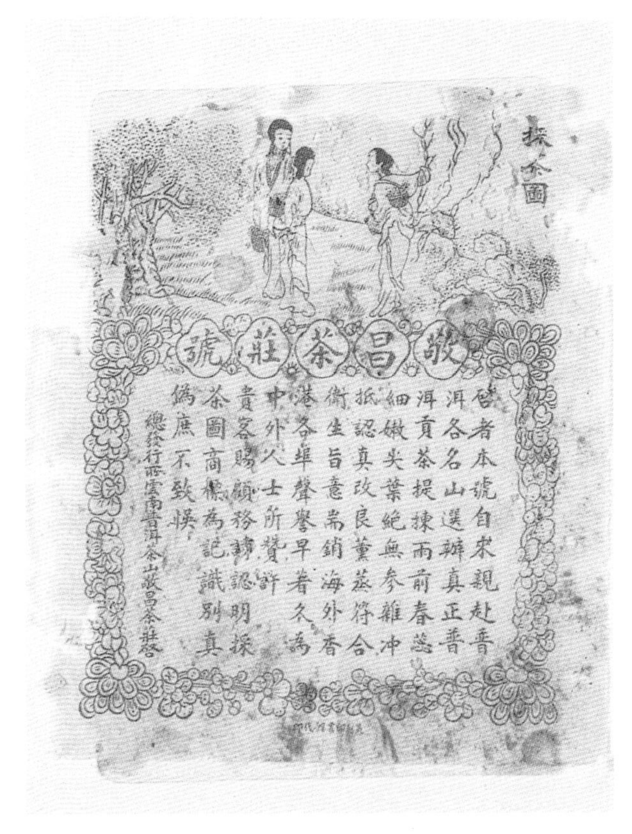

採茶圖

敬昌茶莊號

啓者本號自采親赴普洱各名山選辦真正普洱貢茶提揀雨前春蕊細嫩尖葉絕無參雜冲抵認真改良薰蒸符合衛生旨意嵩銷海外香港各埠聲譽早着久為中外人士所贊許貴客賜顧務請認明採茶圖商標為記識別真偽庶不致悮

總發行所雲南普洱茶山敬昌茶莊啓

敬昌圆茶内票与同庆老号内票一样，是最有艺术价值的普洱茶内票

术非常精工规矩，饼身表现均衬丰满，边缘厚薄不一致但圆顺，手感非常强烈，敬昌圆茶茶饼的外观充满浑厚朴拙气势，尤其茶青在蒸压前，入袋的技术很讲究，每饼茶青在杂乱中显现出一种排列的艺术，是所有普洱茶饼中，外观最优美的。饼身直径20.5厘米，每饼约重330克。野樟茶香，水性极度细柔，入口即化，为普洱茶品中水最为细滑的。陈年老韵，约为20世纪40年代

敬昌圆茶内飞

敬昌圆茶茶筒

产品。每饼有内飞一张，是椭圆形图案，与同庆老号圆茶极为相似。最值得提出来的是，每筒有一张大的内票，是一张高雅艺术的版画图案，白底绿色的字画，是一幅“采茶图”。有采茶姑娘三人，有两棵高大乔木的茶树，是清朝时期大茶山最真实写照。加上由右而左“敬昌茶庄号”是最工整的楷书字体，构图美观，极富艺术价值。

而美中不足的是外包装，筒包所采用的竹箬，是比较普通而较老的竹笋箬片，捆绑筒身是竹心篾条，捆绑技术并非特殊技巧，为一般普通手工操作，如只以筒装外表来看，真不相信是一筒好普洱茶。头盖面片竹箬上，以紫色颜料印上“云南普洱正山贡茶　精工揉造　字号元茶上印”，在面片竹箬正中央以毛笔黑墨写上“敬昌茶庄”，所有字体都是工整楷书，气势十足。

市面上已经有敬昌号的赝品出现，但从茶饼的原料，内飞和内票的印刷、茶饼的款式等都很容易辨别出来。而且赝品者都是以单饼出现，没有成筒的包装。这些假敬昌圆茶是以现在云南新树茶青，做成轻度发酵熟茶，再放进湿仓促成霉变，加速陈化效果。假敬昌圆茶有一股青酸及霉味，水味很重，像青菜在弱火煮了半生不熟，那种青味不去而水味未消的味道，也和边境普洱极为相似。赝品假敬昌圆茶，其茶性备件极为差，完全没有真敬昌的茶性特色!

江城圆茶

茶厂：江城茶庄
茶山：曼洒茶山
茶树：大叶种乔木
茶青：三等
茶型：圆茶
规格：直径19.5cm
重量：320g

筒包：竹箬竹心篾
图字：普洱江城茶庄
饼包：无
图文：无
内票：纸11cm × 16cm
内飞：无
工序：生茶

仓储：干仓
陈期：55年
色泽：栗黄油光
气味：无
条索：扁长
汤色：栗红
叶底：栗青

茶香：野樟香
茶韵：老韵
味道：微甜
水性：顺滑
喉韵：润
生津：舌面生津
茶气：强

江城号

云南省为了控制茶叶品质，技术水平得以相等，能得到公平交易而设定统一价格，20世纪50年代开始制定了“青毛茶收购价区”，而江城县、澜沧县都纳入“西双版纳价区”同一价位(《云南省茶叶进出口公司志》第68页)。这说明了江城县普洱茶品，是和西双版纳普洱茶产品，在品质上、技术上都是相等且都是优良的。同时历年来，江城地方就是曼洒茶山的茶叶运销必经之地。此地茶庄的产品，多是上好优良的，如最闻名的敬昌号茶庄等普洱茶品。极可惜的是，看不到更多有关江城地方早期茶庄、茶厂的资料。

目前可以看到江城的普洱茶品，有敬昌圆茶和由“普洱区江城茶庄”所制造生产的江城号普洱圆茶。这批江城圆茶是几年以前，和同庆老号圆茶、敬昌圆茶，一起从香港金山楼茶楼卖出来的，数量和敬昌圆茶一样很少，现在已经没有在市面上流通了，都成了在“割爱”方式下交易的孤品。

江城圆茶和普庆圆茶一样，是只有内票而没有内飞的圆茶。内票规格是1l厘米×16厘米立式长方形，米黄色底，黑色油墨印刷的图字，是以手刻蜡纸，手工油印，而且还有几个不同的版本，其图案文字内容完全一样，但字体笔法各异，是过去普洱茶中极少见的现象。

饼身结实，压模技术特殊，饼面不平，边缘厚薄不一致。饼身直径19.5厘米，每饼重约320克，手感很强。条索扁长，色泽栗黄，茶青油

江城圆茶内票，是一张纯手工艺术的普洱茶内票

光。整体外形和敬昌圆茶非常相似，典型大叶种普洱茶外观特色。樟香较敬昌圆茶为弱，有一股浓厚青香老茶香，到达老韵程度。水性较薄但柔滑和顺，舌面生津，茶气普通，的确是优良普洱茶品。

有人说江城圆茶是上海抗日英雄廖雨春将军上海兵败后，到香港从事茶叶生意，并到云南江

城，继续敬昌号茶庄的业务而以江城号之名生产了这批普洱圆茶，所以都称之为敬昌圆茶的姊妹茶，也算是20世纪40年代的产品。

但从各方面的评鉴，江城圆茶茶韵略比民国时期的敬圆号茶来得新，其内票的图文，出现五星的设计图案，文字有“认真包装、繁荣经济”词句。从以上诸点看来，有着极强烈社会主义色彩，也有些人认为是20世纪50年代所生产的茶品。

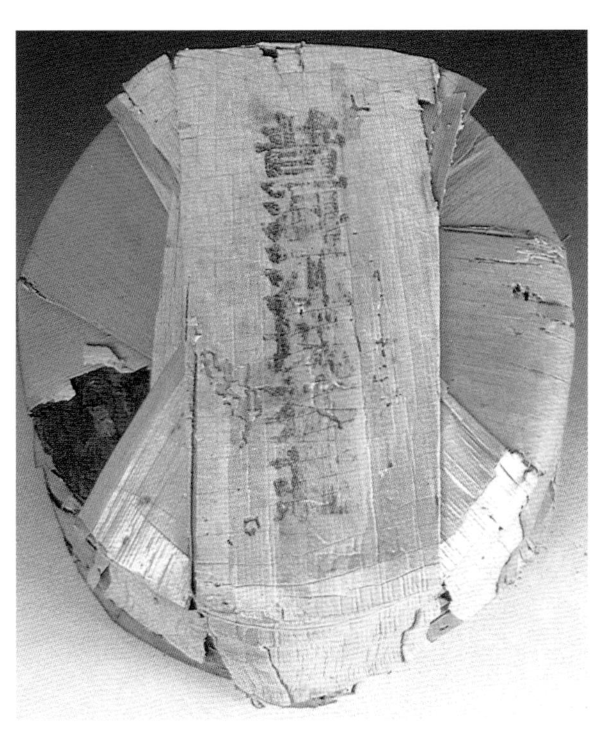

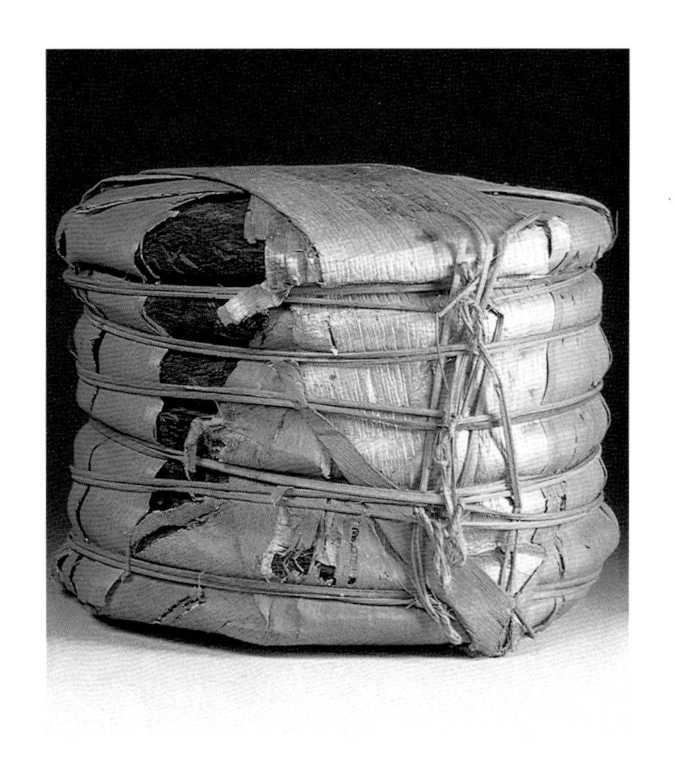

江城圆茶茶筒

玖

杨聘号

杨聘圆茶

茶厂：杨聘圆茶	筒包：竹箬竹心篾	仓储：干仓	茶香：青香
茶山：倚邦茶山	图字：不详	陈期：65年	茶韵：老韵
茶树：小叶种乔木	饼包：无	色泽：栗黄油光	味道：略酸
茶青：三~五等	图文：无	气味：无	水性：薄滑
茶型：圆茶	内票：无	条索：细长有梗	喉韵：回甜
规格：直径19cm	内飞：纸5cm × 6.8cm	汤色：深栗	生津：舌面生津
重量：280g	工序：二分熟茶	叶底：暗栗	茶气：弱

杨聘号

在普洱茶历史中，大家都知道六大茶山一直在扮演着极重要角色，其中五大茶山又称为“易武茶区”。其实从元明到清中，都是以五大茶山最闻名，即曼松山、曼拱山、曼砖山、易武山、牛滚塘半山和曼腊半山，以上合和为五大茶山。其中曼松山、曼拱山、曼砖山、牛滚塘半山，三座半茶山合为“倚邦茶区”。在清朝中期之前，都是以倚邦茶区所生产的普洱茶量最多，誉为品质最好的。五大茶山加上攸乐山(孔明山)，后来就称为六大茶山。

清朝初期，曾经有石屏人桶到倚邦“奔茶山”的热潮。在此之前的明末时候，就已经有大批四川省茶农迁到此地，他们将小叶种茶种引进倚邦茶区。“倚邦茶树比易武低矮、叶小、芽细、命短、特嫩性差”（《版纳文史资料选辑》4，第34页）。所以倚邦茶区是云南省内最早种植小叶种茶的茶山。小叶种普洱茶比较适合四川及北方人的口感，尤其是以一级细嫩芽头制成新鲜的普洱女儿青茶，以及最著名的人头金瓜贡茶，备受大观园和北方宫廷大内的青睐。

杨聘圆茶内飞

“倚邦贡茶：历史上皇帝令茶山要向朝廷纳一项茶叶，称之为贡茶，年约百担之多，都全靠人背马驮运至昆明”（《版纳文史资料选辑》4，第16页）。乾隆初期这里人口约有八九万之多，都是过着与普洱茶有关的生活。倚邦茶区有四个非常繁华的“集镇”，那是倚邦街、曼拱街、曼砖街、牛滚塘街。而以倚邦街为中心，其衔接了倚邦茶区顺畅的交通，成为茶马交易最热闹的街道。这种繁华景象，一直到了光绪三十一年，随整体云南普洱事业急速没落，主要是清朝末期政力治安不彰，形成官僚、恶霸、地主残酷的压迫剥削；卫生恶化，疾病流行传染，茶品无法生产，即使做好的茶，也不能安全运送销售，所有茶庄都纷纷停业。江山经过改朝换代，到了20世纪10年代，重划行政区之下，开劈新道路，有利于易武山的开发而促进繁华。整体普洱茶交易营运，转到了易武山，倚邦方面则日渐没落，倚邦街上只留有居民一百三十多户，人口已不过千人。

“本号开设倚邦大街拣提透心净细尖茶发客贵商光顾者请认明内票为记”，这是每一饼杨聘圆茶内飞所写明的文字。杨聘号茶庄大约于1921年开设在倚邦镇大街上。至于其制茶、经营以及茶庄的兴起与衰落，找不到更详细资料，只有留下的圆茶十来饼，是唯一杨骋号茶庄的历史证物。

杨聘圆茶饼身比较小，直径只有19厘米，每饼约280克。每饼有一张5厘米×6.8厘米立式内飞，白底红字内文有杨聘号等三十三字。饼面颜色暗栗，条索细小有细梗，黄芽油光。茶汤青香，水薄微酸，是典型的倚邦小叶种普洱茶品特性。

汕头壶最能发挥陈年普洱的茶性

同兴早期圆茶

茶厂：易武同兴茶庄	筒包：竹箬竹心篾	仓储：干仓	茶香：油青香
茶山：倚邦曼松山	图字：不详	陈期：80年	茶韵：陈韵
茶树：小叶种乔木	饼包：无	色泽：深栗	味道：微甜
茶青：三等	图文：无	气味：无	水性：厚滑
茶型：圆饼	内票：无	条索：细短	喉韵：润
规格：直径20cm	内飞：纸4.8cm正方	汤色：栗红	生津：舌面生津
重量：320g	工序：生茶	叶底：深栗	茶气：弱

同兴号

同兴号茶庄在早期，和同庆号、敬昌号茶庄一样，以专门精制高级普洱茶品而闻名。据香港老一辈茶商表示，过去市面上同兴号茶庄的茶品并不多，但品质都以优良可靠著称，是一般普洱茶品饮者所最喜爱茶种之一。现在可以看到的同兴号普洱茶数量非常少，偶然有三几饼零星的圆茶，完好整筒的已经很难见到。现今的普洱茶界很少人知道有同兴号茶庄，同时也没有出现过冒牌赝品，可能是茶庄名号知名度并不十分响亮，而且流通的茶品也实在太少了！

同兴早期圆茶内飞

同兴圆茶茶筒

同兴号二

同兴后期圆茶

茶厂：易武同兴茶庄
茶山：倚邦曼松山
茶树：小叶种乔木
茶青：三等
茶型：圆茶
规格：直径20cm
重量：330g

筒包：竹箬
图字：不详
饼包：无
图文：无
内票：无
内飞：纸5.3cm正方
工序：生茶

仓储：干仓
陈期：70年
色泽：栗黄灰面
气味：无
条索：宽长
汤色：栗色
叶底：栗黄鲜活

茶香：青香
茶韵：陈韵
味道：甜
水性：滑
喉韵：润
生津：舌面生津
茶气：弱

同兴号茶庄原名同顺祥号，亦称中信行，于1733年创设在易武镇上。1921年前后，同兴号与同庆号一样闻名于易武大街。那时年产普洱茶量约五百担，是属大型茶庄之列。目前对同兴号资料知道有限，只有从老一辈普洱茶界的口碑得知，其所生产的茶品，都是比较优良的。手边有着两种同兴号普洱茶品，都是圆饼茶。一种是1921～1934年之间制造的，我们称它为“同兴早期圆茶”；另一种是1934～1949年之间的产品，我们叫它为“同兴后期圆茶”，两种的茶青都取自倚邦茶山曼松顶上茶园，茶品非常优良。

“本号专办易武倚邦峦松顶上白尖嫩芽”，同兴圆茶内飞都是如此标明的，就如现在我们的冻顶乌龙茶．同样也是标明“采自冻顶山上茶青精工制成”，然而到底有多少是真正冻顶山上的茶，可不得而知了。从品味上是可以确认同兴圆茶是属于倚邦茶山的茶品，至于是否是曼松寨茶园的茶青，也就不得而知了。因为现在的普洱茶品茗者，极少对所有普洱茶性能了解那么透彻，只有对易武茶区的茶性，可能会了解较深入些。现有的两种同兴圆茶，出厂时间相隔了近二十年，但两者的茶性还是相同，可见同兴号茶庄的品质管理是非常讲究的。

“曼松曾年解二十担贡茶”；“倚邦本地茶叶以曼松茶味最好，有吃曼松看倚邦之说”（《版纳文史资料选辑》4，第34页）。曼松寨的茶青是倚邦茶山最好的，同兴号茶庄就是以曼松茶青为主要原料。倚邦茶山以小叶种普洱茶为主，但生长在西双版纳的小叶种茶树，已经改变了其茶性。在云南省，尤其最南方地区，所生长的各种茶树都会有一种共同特殊茶性，这种共同特殊茶性就是“普洱茶性”。种植在倚邦茶区的小叶种茶树和大叶种茶树，虽然都有着共同的普洱特性，仍有很大相异特色。兼具小叶种茶叶的“青香”，以及大叶种茶叶的“酽厚”的倚邦普洱茶，最适合新鲜冲泡饮用。所以女儿普洱贡茶能受到慈禧太后恩宠，是因为那股“青酽茶性”。因此，倚邦普洱茶“嫩比老香，新比旧酽，最宜新饮”。如论陈年老茶，就不如大叶种普洱茶的越陈越香了！

同兴后期圆茶内飞

同昌圆茶

茶厂：同昌茶庄
茶山：倚邦茶山
茶树：小叶种乔木
茶青：三等
茶型：圆茶
规格：直径20cm
重量：320g

筒包：竹箬竹心篾
图字：无
饼包：无
图文：无
内票：无
内飞：纸5cm × 6cm
工序：生茶

仓储：干仓
陈期：70年
色泽：栗黄油光
气味：无
条索：扁长粗毫
汤色：栗红
叶底：深栗

茶香：青香
茶韵：陈韵
味道：略涩微甜
水性：细滑
喉韵：润
生津：舌面生津
茶气：强

同昌号

同昌号创设于同治七年（1868年），曾经在清末民初停厂歇业。1921年左右，很多茶庄商号在易武茶区复业或新创茶号。其中有朱官宝茶商在易武大街，重新创立同昌号茶庄，继续生产易武正山普洱茶品。到了1929年时，普洱茶的年产量为四百多担，茶厂规模也相当大，但可惜的是，那时所制造的产品已经看不到了，只留下茶庄名号和简单的文字资料。

约在1930年后，同昌号茶庄更换了主人，由商人黄文兴接手主持业务运作。茶庄易主的初期，仍然是以同昌号的商标发行茶品，只是在茶品内飞的落款，改为“主人黄文兴谨白”。到了较晚期，接近1949年时，将同昌号改为“同昌黄记”，茶庄的主持人也换成黄锦堂。至于黄文兴和黄锦堂是什么关系？有待查证。并且在茶品内飞落款也改为“同昌黄记主人谨白”。

同昌圆茶内飞

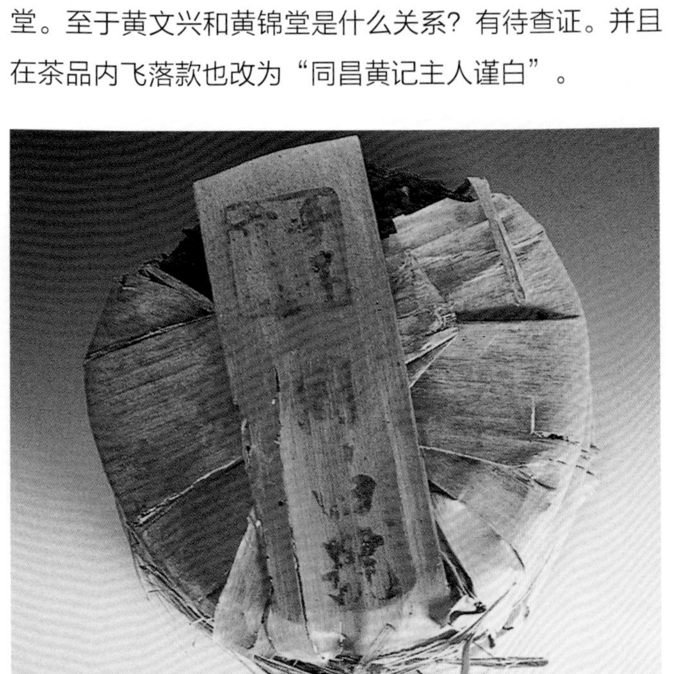

同昌圆茶茶筒

拾叁 同昌号二

同昌黄记红圆茶

茶厂：同昌茶庄	筒包：竹箬竹心篾	仓储：干仓	茶香：青香
茶山：倚邦茶山	图字：同昌黄记9字	陈期：60年	茶韵：旧韵
茶树：小叶种乔木	饼包：无	色泽：栗红	味道：后甜
茶青：三~五等	图文：无	气味：无	水性：细柔
茶型：圆茶	内票：图7.5cm × 7.7cm	条索：扁短	喉韵：润
规格：直径19.5cm	内飞：纸5.3cm × 6.1cm	汤色：栗红	生津：两颊生津
重量：350g	工序：生茶	叶底：土栗多单叶	茶气：弱

拾肆 同昌号三

同昌黄记蓝圆茶

茶厂：同昌茶庄	筒包：竹箬竹心篾	仓储：干仓	茶香：弱青香
茶山：倚邦茶山	图字：同昌黄记9字	陈期：60年	茶韵：老韵
茶树：小叶种乔木	饼包：无	色泽：深栗	味道：微甜
茶青：三等	图文：无	气味：无	水性：厚滑
茶型：圆茶	内票：无	条索：皱长条	喉韵：润
规格：直径20cm	内飞：纸5.3cm×6.1cm	汤色：栗红	生津：舌面生津
重量：335g	工序：生茶	叶底：栗色	茶气：强

一开始时是白底蓝色图字的内飞，而最后改为白底红色图字。目前可以看到的，有同昌号主人黄文兴的圆茶，这些茶品约有七十年陈期。另外两种都是以同昌黄记为商标的，一为蓝色内飞，一为红色内飞，两者陈期都为五十年左右。红色内飞的茶筒中，并附有一张内票，落款为“主人黄锦堂谨识”。以上三种茶品，习惯性的分别称为“同昌圆茶”“同昌黄记蓝圆茶”以及“同昌黄记红圆茶”。

同昌圆茶饼身厚实并呈深栗色，条索扁长，白毫粗硕，明显看出梗叶一体的茶青，十分自然美观。而且是三种茶品中，油面光泽比较好的。因制造关系，饼面留有深凹痕迹。埋贴着一张蓝字白底，5厘米×6厘米内飞，在其上落款为“主人黄文兴谨白”。

同昌黄记蓝圆茶的饼身外观与同昌圆茶极相似，色泽油光大致相同。同昌黄记蓝圆茶的条索较细，叶面较干瘦些，茶青明显不如同昌圆茶优良，圆茶饼面埋贴一张白底蓝字内飞，其大小、款式以及图字设计与同昌圆茶者相同，而版面图字比较清晰，落款是“同昌黄记主人谨白”。每一个饼面上，留有更明显、较深的凹痕。

同昌黄记红圆茶的饼身非常结实，有如圆茶铁饼一样的坚硬，饼身压造成型与敬昌圆茶同样圆顺美观。采用三四五等较嫩普洱茶青，而且茶叶经过特别拣选，梗条较少，多单张叶片，条索细扁，饼面栗红。由于茶青较细嫩，如同庆老号圆茶一样，油光比较淡。内飞是白底红色图字，大小款式以及图字内容与同昌黄记蓝圆茶者相同。每筒中压有一张约8厘米正方形内票，其上

本號經營茶葉歷有年
所專購正山細嫩茗芽
精工揉造發行恐有假
冒特加此內飛為記
同昌黃記主人謹白

同昌黄记红圆茶内飞

本號在易武正街開張
同昌黃記揀選細嫩茶
葉加工揉造 白尖
此茶與衆不同且能銷
食除冷去毒存留日久
更佳凡 官商光顧請
認明內票並內飛為記
主人黃錦堂謹識

同昌黄记红圆茶内票

落款是“主人黄锦堂谨识”。

同昌号和同昌黄记的圆茶上内飞，都写明其原料是采用“正山细嫩茗芽精工揉造”，但是经过多次实际的品鉴，这三种圆茶整体品味，其表现不似易武茶山普洱茶应有的气势，反而比较接近倚邦茶区的风格。茶香是倚邦茶的青嫩香特色，虽然已存放了六十多年，而茶韵显得比一般同时期的茶韵来得新些，尤其同昌黄记红圆茶的饼身结实紧密，陈化较慢，茶韵更为新，有如20世纪70年代的产品一样。经常有人认为是边境普洱茶青，水性较薄但还算柔顺，茶气表现稍弱。这样的表现明显不是易武正山普洱应有的特色，正如同昌黄记红圆茶内票所写明“此茶与众不同”，请诸位慢慢地品味吧！

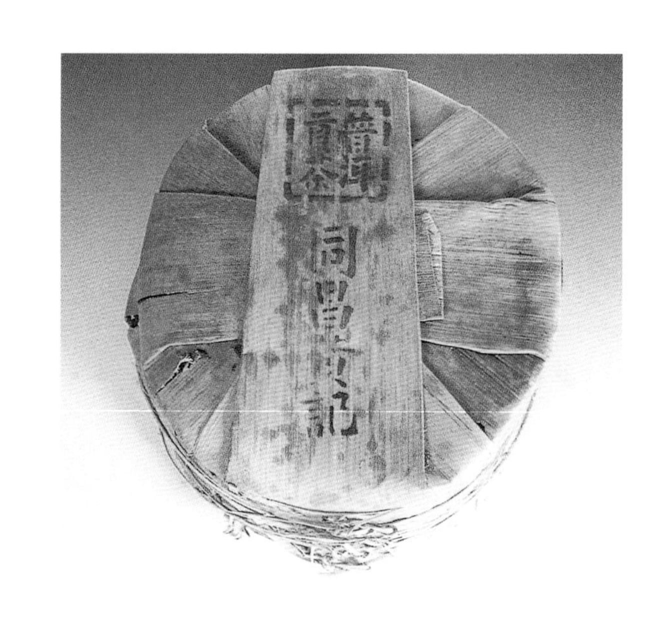

同昌黄记蓝圆茶内飞

同昌黄记蓝圆茶茶筒

拾伍 普庆号

普庆圆茶

茶厂：普庆茶庄	筒包：不详	仓储：干仓	茶香：青香
茶山：思普茶区	图字：不详	陈期：70年	茶韵：老韵
茶树：大叶种乔木	饼包：无	色泽：深栗	味道：淡
茶青：三等	图文：无	气味：无	水性：厚滑
茶型：圆茶	内票：纸13.5cm × 15.3cm	条索：碎块多梗	喉韵：回甘
规格：直径20cm	内飞：无	汤色：深栗	生津：无
重量：340g	工序：三分熟茶	叶底：深栗	茶气：无

普庆号

在传统的普洱茶品包装，尤其是被视为最具代表性的饼茶，都习惯在茶饼上压上或埋有茶庄或茶厂商号的内飞，以标示茶品的商号和品质或种类。更有比较讲究或重视自己的产品或防止被假冒赝品，往往在每一筒包装内还压有一大张商号内票。但是极少数只有内票而没有内飞，如此容易造成以假货张冠李戴，鱼目混珠之便。

本人手边有两种普洱茶，是没有内飞而只有内票的，其中一种是“普庆圆茶”。这种茶品看到时都是散饼，无法知道其筒装的规格和模样。那位商人共有普庆圆茶五饼和一张13.5厘米X15.3厘米内票，淡土黄色底，红色图字，图案设计相当细致，配以龙凤花草，画面显得文雅且古意盎然。内票写着“敬启者本号向在云南易武茶山选办普洱正山幼嫩茶……1913年改用此内票为记……制造厂易武普庆号主人谨启”，当中至少说明了在1913年改用此内票，茶厂是建在易武镇，选购易武正山茶青所制造出来的茶品。

当时跟茶商试茶时，已发现那五饼普庆圆茶，其茶性应该都是属于倚邦茶区的茶青，不像是易武茶区的茶青特色。为了要得到那张内票，而茶商坚持必须全部买下五饼，也只好以高价买

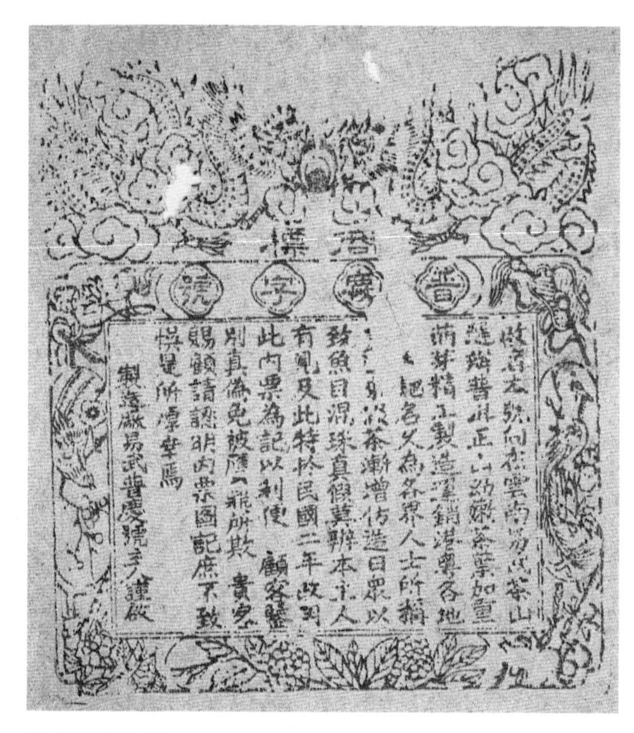
普慶字號

敬启者本號向在雲南易武茶山
選辦普洱正山幼嫩茶葉加意
嫩芽精工製造運銷港粵各地
馳名久為各界人士所稱
[illegible]茶漸增仿造日眾以
致魚目混珠真假莫辨本主人
有見及此特於民國二年改用
此內票為記以利便　顧客鑒
別真偽免被贋品所欺　貴客
賜顧請認明內票圖記庶不致
悞是所厚望焉
製造廠易武普慶號主人謹啟

普庆圆茶内票

了全部的五饼茶了，这些茶饼品质还算不错，不管是青香、陈韵、水性以及生津等各方面表现，是其他一般倚邦茶品所莫及的。然而不能确知此五饼普洱茶，是否真正为普庆号茶厂的茶品，其实最值得的是，又获得多一家茶庄的资料！

拾陆 鼎兴号一

鼎兴红圆茶

茶厂：鼎兴茶庄	筒包：竹箬竹心篾	仓储：干仓	茶香：油青香
茶山：勐海茶区	图字：不详	陈期：70年	茶韵：陈韵
茶树：小叶种乔木	饼包：无	色泽：深栗油面	味道：清甜
茶青：三等	图文：无	气味：无	水性：化
茶型：圆茶	内票：纸12.5cm正方	条索：细碎多梗	喉韵：微腻
规格：直径19.5cm	内飞：纸5.3cm×6.8cm	汤色：栗红	生津：舌面生津
重量：360g	工序：生茶	叶底：栗红	茶气：弱

拾柒

鼎兴号二

鼎兴紫圆茶

茶厂：鼎兴茶厂	筒包：竹箬竹心篾	仓储：干仓	茶香：弱青香
茶山：勐海茶区	图字：不详	陈期：60年	茶韵：老韵
茶树：小叶种乔木	饼包：无	色泽：栗黄干燥	味道：酸涩水淡
茶青：三等	图文：无	气味：无	水性：薄
茶型：圆茶	内票：无	条索：鱼叶多梗	喉韵：燥喉
规格：直径20cm	内飞：图4.3cm×5cm	汤色：栗色	生津：无
重量：340g	工序：生茶	叶底：栗青单叶	茶气：无

鼎兴号

20世纪50年代以前，勐海有着许多私人茶庄，所生产的普洱茶品中，其品质往往参差不齐。这些茶品大部分是销售到西康、新疆、西藏或云南省内的兄弟民族，他们是加入各种佐料，如姜、桂皮、椒以及牛、羊乳汁等，混合冲泡或擂煮。所以茶叶以浓酽纯厚就可以了，至于品味就不大要求。为了迎合消费者不高的需求，因此做成廉价普洱茶品为多。另外只有较少数做成高级茶品，专供爱好品茗的高消费群。

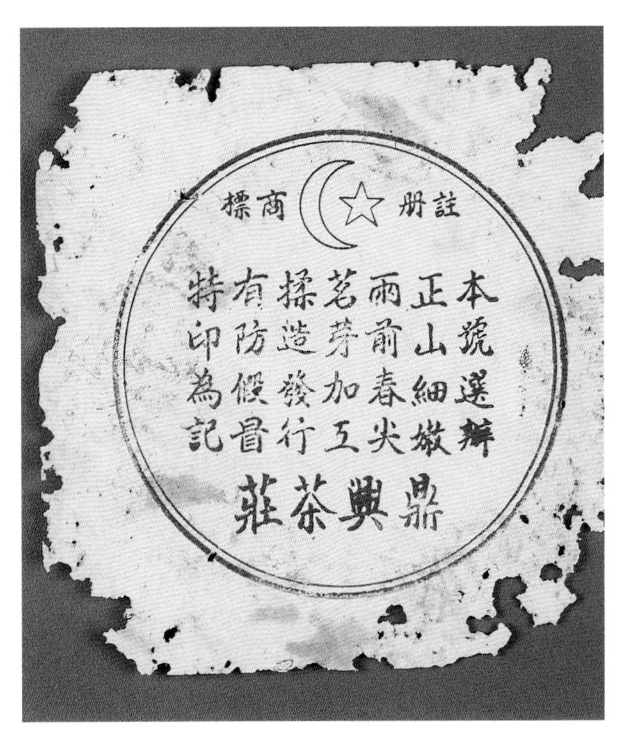

鼎兴红、蓝圆茶内票

这些普洱茶庄大体上可分为两类，一类以生产普通性茶品为主，如宋聘号、鸿泰昌、同昌号等，这类茶庄为数比较多。另一类则以专门制作高级茶品，如同庆号、敬昌号、鼎兴号等茶庄。虽然如此，各茶庄也时而会有不正常水平的出现，即是有一两批茶品特别好，或特别差的机

鼎兴紫圆茶茶筒比一般茶筒高出许多

会，也就是以生产普通茶品为主的茶庄，也会有好的茶品出现；或以制作优良品质著名的茶公司，也偶尔会有些较差的货色。因此，虽然同一茶庄、同一品牌的茶品，其材料品质可能有很大差异。喜欢品茗普洱茶朋友们，除了验明真正品牌外，还得亲自品味过以后，才会比较可靠放心。

鼎兴号茶庄以生产高级普洱茶品著称，目前该茶庄所留下的茶品并不多，以本人所知有圆茶三种和一种紧茶。其中的一种圆茶品质较普通，其余两种和紧茶，则是属于尚可档次茶品。目前在市面所流通的，都是那种品质较差的为多，至于较好的都落在收藏者手中，不易见于市面。下面仅介绍三种圆茶，而那种紧茶则留在“末代紧茶”一文中说明。

三种鼎兴圆茶是以内飞颜色区分，同样约5厘米×7厘米的正式内飞，都是白色纸张，图文形式和文字内容相同，而颜色不同。一是红字、一是蓝字和一是紫字。而红字和蓝字的品质很相似，陈期也相同，七十年左右，是先期普洱茶，是属于较优良品质茶品。而紫字鼎兴圆茶品质较普通，陈期也一样，是先期产品，比红、蓝字的茶品较差。那红、蓝字内飞的茶饼颜色较深，成暗红色，条索卷实，油面光泽，饼身较薄；那紫字内飞是较劣者，茶饼颜色较淡，茶叶多单叶较老茶青，油性少，条索揉卷较松，掺集许多黄薄的鱼叶，饼身松厚，是普洱圆茶中做成饼身最厚的一种。

鼎兴号红字和蓝字普洱圆茶，有着最浓厚且带有油香野性的樟香，是普洱茶中最浓的茶香，应该是产自勐海周围小叶种茶园，也就是攸乐山南山麓一带的小叶种茶青；紫字普洱圆茶，茶性品味远逊于红、蓝字茶品。鼎兴圆茶味道淡薄，略带微酸，从叶底、水性看来确定是倚邦普洱茶特色。一般倚邦茶种的茶园所产茶品，没有易武或勐海老树普洱茶那种浑厚浓酽特色。喉韵顺滑回甜，如果冲泡过浓或品饮太匆促，回甜后会有甜腻感觉，会影响品饮食欲。

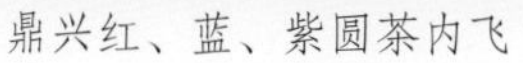
鼎兴红、蓝、紫圆茶内飞

拾捌 普洱紧茶

勐景紧茶

茶厂：勐景茶厂
茶山：勐弄茶山
茶树：大叶种乔木
茶青：五等
茶型：紧茶
规格：8cm × 10cm
重量：180g
仓储：干仓
陈期：70年
色泽：栗黄
气味：无
条索：扁长松浮
汤色：深栗
叶底：栗青
筒包：竹箬条装7个
图字：无
饼包：无
图文：无
内票：无
内飞：图3.1cm × 4.3cm
工序：生茶
茶香：淡樟香
茶韵：陈韵
味道：微甜
水性：化
喉韵：油甜
生津：舌面生津
茶气：强

鼎兴紧茶

茶厂：鼎兴茶厂
茶山：勐海茶区
茶树：大叶种乔木
茶青：四等
茶型：紧茶
规格：7cm × 9cm
重量：190g
仓储：干仓
陈期：70年
色泽：暗栗油灰
气味：无
条索：扁短结实
汤色：暗栗
叶底：暗栗
筒包：竹箬条装7个
图字：无
饼包：无
图文：无
内票：无
内飞：图4.2cm × 5.5cm
工序：四分熟茶
茶香：沉香
茶韵：陈韵
味道：微甜
水性：厚砂
喉韵：回甜
生津：舌面生津
茶气：强

末代紧茶

前言 带一团紧茶回云南

“田罢，子虚过诧乌有先生”是两千多年前，司马相如在他的《子虚之赋》中所记载的。大意是说：打完猎，子虚去乌有先生家里喝茶。

诧字即是沱字(庄晚芳著《中国茶史散论》34页，庄文“诧”作“姹”)，为何在当时将茶称为诧(姹)，是因为当时的诧(姹)是将茶青揉成一坨一坨的团茶而得名。也许是因茶与水是分不开的关系，因而将姹字去言(女)从水，写成沱字吧！又有一句顺口溜是这样的，“下关风、沱江水”，是说以下关的风吹干普洱茶，以沱江的水冲泡，其味道香醇甘美，因而得名为沱茶。不管沱茶之名何时有，但沱团的茶型却是有几千年历史了!

云南普洱茶制作工序，继承了中国茶叶古老传统方法，保有了沱团独特风格。同时也发挥了沱团的越陈越香、古意盎然的风味。在目前精致文化时代中，讲究淡雅品味，追求古朴感性，普洱茶有一股思古之幽情，也即是21世纪文化返璞归真的中心精神，普洱茶因此而成为中国茶中之茶!

普洱茶的形状有多种，其中做成圆形馒头状的，就叫做沱茶。在沱茶发展演变过程中，有用嫩芽为茶青，也有以老叶为茶青的。因为以嫩芽茶青揉成紧团时，会非常紧密结实，在干燥过程中，不容易干透(陈以义著《普洱茶史的考证》3页)，所以改进做成碗形，成圆体凹状，便于烘干。而老叶茶青拧成紧团，因为叶身较硬，叶面大，甚至还掺有梗条，所以整个茶团比较松散，容易干透，即做成香菇型。为了两者在命名上区别，凹碗状的叫沱茶，而香菇型的就叫做紧茶了。

目前在云南的普洱茶厂，沱茶的生产占了很大的比例，市面上的货源也十分充足。从1967年开始，云南勐海茶厂将紧茶用的茶青，改做成砖茶，由原来圆体的紧茶改做为长方形的砖茶(陈宗懋主编《中国茶经》422页)，正统的老叶茶青紧茶，似乎要消失了。一些剩余的老旧紧茶，已经成为收藏者的最爱。20世纪80年代初云南下关茶厂，专门为西藏班禅活佛，制造了一批专用紧茶，是采用新树茶青作为原料，都贴上了“宝焰牌”内飞，产品不多，同时也并没上市销售，只供西藏佛寺专用。

几年以前，有一位喜欢而懂得普洱茶的中医师，曾经以新台币一万元一团的高价，收买老旧的紧茶。老旧的紧茶除了有纯正品味外，特别具有中医高价值疗效，据说能降低胆固醇，有补气抗癌功能，并传为佳话。

最近在台湾的茶叶市面上又发现有这种万元紧茶出售，而且价格很合理。听说是台北市某茶行，到香港的老茶庄挖出来的，至于数量多少并不清楚，而货色确实是千载难逢，可遇不可求的好普洱茶。看到这些紧茶，在十分惊喜之余，本人称为“末代紧茶”，以表示珍贵。

这批末代紧茶，初步推测有七十年以上的陈期，是目前在市面上能买到最老的紧茶了。掺杂在其中，有生茶和熟茶两类，有的因年代长久，已经自然松散解体了。这批紧茶不论是原料、制作、贮存都非常好，可以推荐普洱茶界作为品茗及收藏的珍品。此批紧茶，极可能是留在市面上最后的老旧紧茶。这些年来，偶然在市面上看到一两团紧茶，有老的和新的，都被视为奇货，待价而沽，而且都说由收藏者手中流出来的。其实那老的，就是从这批紧茶中流出来的。而新的就是20世纪80年代西藏班禅的专用品，是下关茶厂的存货，也已经消耗殆尽。近来又再新生产少量生紧茶，都是为了应时之需。

勐景紧茶

这批末代紧茶中，生茶的数量占不到一半，是由“勐弄”地方的“勐景茶庄”所制造。勐弄就是现在云南省普洱镇东北方的勐弄村，此地一直是盛产普洱茶，与勐库、凤山同为云南省中部茶区。这些生紧茶是采用老树，晒青生茶制成，而且是在干仓储放了漫长的岁月。茶身已呈现千裂鳞片状，甚至有些个已经脱片解体了。由于长期干燥，已十分干透，且变白干色。拿在手上有极轻浮感觉，一个完整生紧茶纯重200克左右而已。剥开投入壶中，总感觉分量很少，一旦冲入滚开水，茶叶自然膨胀饱满，并还原新鲜栗红色，弹性活泼，显现出七十多年前的生命活力。叶面气孔凸起粗密，老纹皱面，呈现“蟾蜍皮”

勐景紧茶内飞

状，典型普洱老树茶青。传统紧茶的制作，习惯采用老粗梗叶茶青。所以这些生紧茶的原料，是属于叶子比较老，且掺杂有梗条，由于是老叶的叶底，显得有些干硬瘦薄。

这些勐景生紧茶的品味的确纯正良好，淡樟气茶香，也许在长期存放过程中，稍微感染一些杂味。但冲上一两开之后，樟气自然清纯。茶汤深栗色，细末较多，倒茶时宜加过滤。茶汤入口时感觉水性非常柔软，没有一点苦涩，在温顺之中带有清甜味。平淡地由口腔流经过喉头，在舌尖齿缝留下几分甜意。淡淡樟香由上颚扩散通过鼻梁到达两眉间，然使两颊和舌面微微生津。只是美中不足的是，因为是老粗茶青产品，水路比较犀利而单薄些，并且不是十分耐泡，每泡能冲上十开左右。但仍然是一泡香而无味，甜意而生津，完全表现了老叶普洱茶应有茶性的好茶。

近来市面出现一批贴着勐景内飞的圆茶，经过品鉴应该是十来年的茶品，以湿仓霉变加速陈化，应该是新树灌木茶青，轻微发酵压成圆茶。其内飞不同于勐景紧茶，是后来仿造的!

鼎兴紧茶

掺杂在这批紧茶中的熟茶，其数量占有超过半数之多。因为在制作茶青时，无意地促成了相当程度的发酵，条索比较柔软，虽然是梗叶茶青，但比生紧茶青较嫩些，揉成圆团时比较结实而紧密。而经漫长时间的存放仍不至于松散脱片。尽管茶身紧密结实，但在干燥过程中，却能彻底干透．而未引起霉变，确实难能可贵。直到现在其体型还很完整。体积比生紧茶小很多，但质感却比较重，每一个约190克。熟紧茶茶身颜色比较红，油光也比生紧茶厚而亮，表面的茶青看起来成条块结实有力。

鼎兴紧茶内飞

这些鼎兴熟紧茶的年代与生紧茶大致相同，是佛海地区的鼎兴茶庄所生产的。佛海就是现在普洱茶生产中心的勐海，而鼎兴茶庄是1949年以前的制茶商行，在云南颇有名气，现在仍留有该茶庄所生产的上好的圆茶。在熟紧茶的标记上，有星月的图形，并且有“月星为记”字样。推测当时所生产的产品，是运销到西北省份，专售给边疆民族。同时也印上英文，或销到更远的中东回民国家去。其实，就茶的本身，已经具备了历史文物价值了。

熟紧茶茶汤呈暗栗色，有少许茶末，最好倒茶时加滤过。水性纯醇浑厚，饮在口腔中有十分饱满感觉，轻轻咬嚼有如吃仙草或爱玉口感，弹性十足。过后口腔留下满口豆沙感觉，像喝过一碗正浓的红豆汤一样。茶汤入口水路绵厚柔顺，浓郁圆滑，甘醇清甜，纯正干爽。沉香茶香强烈，隐隐中带有稀薄樟香。生茶的香气会提升到眉心，而熟茶的陈香则通过喉头沉落到胸膛。喝罢使人心神安宁，性情沉稳。末代熟紧茶确为饮料中的至柔极品。从品茗普洱经验告诉我们，普洱熟茶以老树中老叶制成者最好，末代熟紧茶正是采用熟茶的标准茶青为原料，同时在干仓中长期陈化，略带微微酸意。以我个人过去所接触的资料，以及所品茗过的普洱熟茶中，未曾有比末代熟紧茶更好的普洱熟茶了!

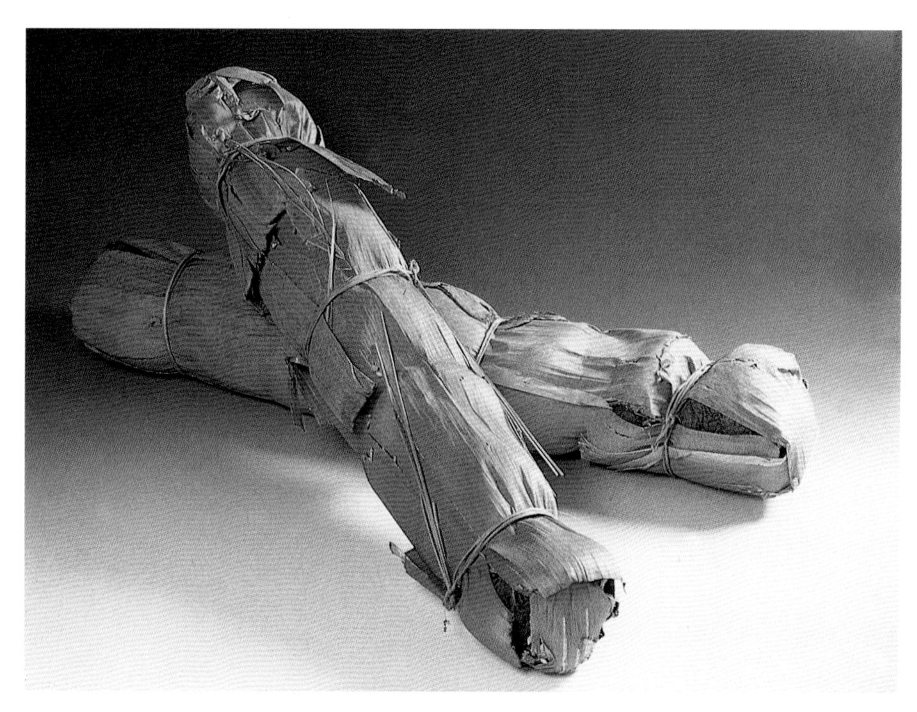

末代紧茶茶条。包上竹箬捆上竹篾，每条有紧茶七个

后记

末代紧茶已经印证了普洱茶越陈超香的特色，喝了末代紧茶也是直接将中华文化历史，融会到我们肉体内。生紧茶有着黄山般阳刚气势；熟紧茶则表现如桂林山水的阴柔美。在思茅举行的第一届国际普洱茶研讨会上，本人借受邀请前往发表论文之便，带一团末代紧茶回云南，同与会的全世界爱好普洱茶代表，共同品茗普洱茶的越陈越香。

中国普洱茶国际学术研讨会于1993年4月4日，在云南思茅隆重召开，有来自美国、英国、日本、韩国、法国、新加坡、马来西亚、中国、中国香港、中国台湾等国家和地区，一百八十多名中国普洱茶的专家学者参加。在研讨会上有数十篇讨论普洱茶，以及如何维护中国古茶树的论文，本人也提出了“越陈越香”的文章，并在大会报告说明。尤其是展示出一团末代紧茶时，整个会场为之哗然，所有在场的人员都凝神注视，各新闻媒体都拥上前来拍照摄影。第二天当地的思茅报，图文并茂地刊登新闻消息。其中对图片说明是如此的：“台湾师范大学邓时海先生带来了1929年的普洱藏品，图为邓教授在大会上宣读论文介绍藏品”。

作者在国际普洱茶学术研讨会上，送给美国代表杨丹桂女士一个末代紧茶

大会中的美国代表杨丹桂女士，她本身就是此地兄弟民族纳西族后代，世代部做普洱茶生意，自小就是天天接触普洱茶。父亲与缅甸、印度等邻国做普洱茶生意，清末民初年间全家搬到印度，后来又转到了美国定居。那时杨女士以退休高龄回来出席普洱茶国际会议，并以英文提出有关早期普洱茶运输出口的古茶路，极具普洱茶历史价值。当我报告越陈越香完毕后，杨女士立刻上来要借看我那团末代紧茶，当她将紧茶拿在手上时，表情十分激动，并对我说：“小的时候，常常看时时摸这种紧茶，我原本也收藏两个作为纪念的，后来搞丢了。现在看到了，使我回忆小时候，生活在普洱茶之中的情境！”杨女士拿着末代紧茶就爱不释手，在会场中不时沉湎于回忆的表情。后来，本人利用即将散会之机，对大会说：“这团紧茶留给我自己喝了，远不如送给杨女士作为纪念珍品来得更有价值！”马上博得全场掌声，而杨女士欲不敢信以为真，不断地说谢谢、谢谢！末代紧茶除了是历史珍品、普洱茶中好茶之外，更具有一份绵绵的情感!

拾玖 普洱紧茶二

班禅紧茶

茶厂：下关茶厂	筒包：竹箬条装7个	仓储：干仓	茶香：青叶香
茶山：凤山茶山	图字：无	陈期：17年	茶韵：青韵
茶树：大叶种灌木	饼包：无	色泽：深栗	味道：苦涩
茶青：三等	图文：无	气味：无	水性：薄利
茶型：紧茶	内票：纸5.4cm×11.5cm	条索：扁长	喉韵：燥后微甘
规格：9cm×9cm	内飞：纸4cm×4.5cm	汤色：栗黄	生津：无
重量：250g	工序：生茶	叶底：栗黄	茶气：弱

班禅紧茶

在大理下关建设茶厂，其主要原因之一是，方便于运销普洱茶到西藏等西部地区。普洱茶能够有今天的声誉和市场，西藏在过去曾扮演十分重要角色。藏胞生活习惯不能一日无茶，同时也只有普洱茶的浓酽，才能满足他们的茶事品饮需要。因此西藏同胞饮茶习惯，已经非普洱茶品不能接受了，不能一日无普洱茶。那里向来都是以生紧茶的销售量最高，一方面已成了他们品饮的习惯，另一方面生紧茶茶性刚烈十足，正是他们的最爱。

20世纪60年代改变紧茶成为砖茶，而以沱茶代替了紧茶，在藏胞心理的好感已受到动摇。同时新茶园灌木的茶青，取代了老园乔木茶青，茶性强度已大大打了折扣。尤其到了20世纪70年代的快速陈化工序研究成功，熟茶的普洱茶品，几乎完全改变成为温顺性。这一连串的变化，使藏胞感觉到的，好像已经失去普洱茶了，对于过去那种茶性浓酽的紧茶，不只是怀念，而是在渴望再能喝到它。

班禅大师亲自到下关茶厂为生紧茶生产请命
（图片取自云南茶叶进出口公司纪念册）

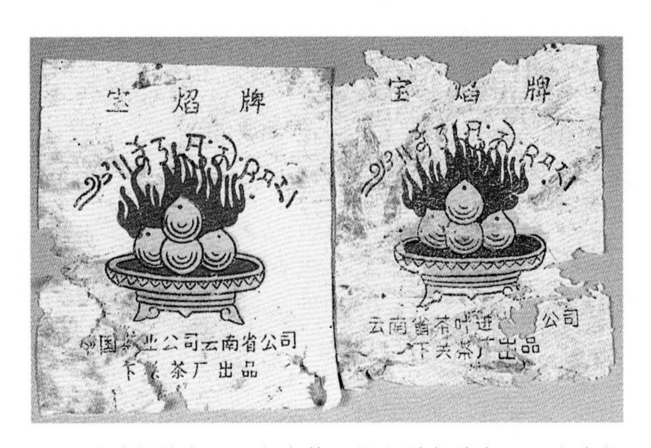

班禅紧茶内飞。左为第一批班禅紧茶内飞，右为较晚期而每年仍有少量生产的生紧茶内飞

下关茶厂专为班禅制造的班禅紧茶，陈列在该茶厂中作纪念，供参观

1986年11月20日，班禅大师亲自到下关茶厂参观，主要目的是代表藏胞们表示，已经长久没有能够喝到“真正普洱茶”的心声。那天班禅参观了厂房以及沱茶压制工序，最后很失望地拿起一个沱茶，极遗憾地说道，目前只喝到这样的普洱茶了!下关茶厂就顺从其言下之意，在1987年“高茶低做”专为班禅用沱茶原料1~4级制造一批生紧茶，贴上“宝焰牌”内飞，由“中国茶叶公司云南省公司 下关茶厂出品”，专供与班禅有关的佛寺藏胞饮用，并没有对外发售。后来只有一小部分库存，经过几年后才流入到一些收藏者手中。

班禅紧茶采用新树灌木茶青制成，约为二级次茶青，生茶工序紧压成型，茶身非常结实，已经17年陈期，茶身表面茶叶已经转变成深栗色，而内部则仍是青栗色。保持非常青涩茶韵，青叶的茶香，水性薄利并且苦涩，典型的青生普洱茶品。后来应西藏方面的要求，20世纪80年代末以“云南省茶叶进出口公司下关茶厂出品”，陆续制造宝焰牌班禅紧茶．以供西北地区需要。目前下关茶厂仍有一定数量的生产，所以那第一批班禅紧茶不但陈化较长，且更具有纪念的价值!

在这堆末代紧茶中，有两个是班禅紧茶

班禅紧茶内票

贰拾 可以兴号

可以兴砖茶

茶厂：可以兴茶厂	筒包：绵纸竹箬竹篾	仓储：干仓	茶香：野樟香
茶山：攸乐茶山	图字：无	陈期：70年	茶韵：旧韵
茶树：大叶种乔木	饼包：无	色泽：暗栗	味道：鲜略涩
茶青：三~五等	图文：无	气味：无	水性：活而滑
茶型：砖茶	内票：无	条索：扁长	喉韵：回甘
规格：15cm×10cm×3cm	内飞：纸7cm×7.5cm	汤色：栗红	生津：舌面生津
重量：375g	工序：生茶	叶底：深栗	茶气：烈

可以兴号

“一九二六年至一九四一年期间，在佛海（勐海）和南峤（勐腊）两县，就有大小茶庄三十多家。其中最大的有七家，鸿济茶庄、恒盛公茶庄、可以兴茶庄……”（《西双版纳傣族自治州概况》第119页)。

根据《版纳文史资料选辑》4，第69页，1988年11月出版，其中记载了，可以兴茶庄在二战前每年生产普洱茶六百驮；二战后两百驮；新中国成立后三百驮(每驮为两担)，现在继续营业。

第二次世界大战前，在佛海地区，每年的普洱茶总生产量超过两万六千担，可以兴茶庄产量在一千二百担左右。当时该茶庄负责人是周文卿，是属于“玉溪帮”成员。早期云南的茶叶经营、茶山垦殖以及茶厂运作，都是受到地方帮派组织的操控。当然，可以兴号茶庄在佛海地区，也必须有着庞大地方势力，以维持茶叶大量及顺利生产。

目前可以兴号茶庄所留下的普洱茶品并不多，只有看到的是那种普洱砖茶。这种砖茶具有四点非常重要的普洱茶历史性意义：

一是，这种砖茶每块重十两，所以也称之为“十两砖”。目前云南生产了大量普洱砖茶，无论厚薄大小．都是以250克(六两半)为规格，只有某些茶商偶有定制特大或特小号砖茶，以作广告噱头之用。在普洱茶历史上，唯独留下来的十两砖实物标本，就是可以兴砖茶了。

二是，现在的普洱砖茶，都是以熟茶方式生

可以兴砖茶内飞

产，同时也是以比较老粗茶青为原料制成。当然文革普洱砖茶有以较嫩级次茶青为材料也是做成生茶砖茶，是现代生茶砖的代表。而在老普洱茶品行列中，是做成“生砖”茶型的，而留下的也只有可以兴砖茶了。

三是，在普洱茶历史上，易武茶山和佛海

茶山的茶青，都是闻名于世的。易武普洱茶叶以栗红色为最上好，如早期红印圆茶等；而佛海普洱茶叶则以黑色为著称。“当时生产的茶叶分为紧茶（沱茶）、庄茶（方茶）、圆茶（饼茶）三种。……庄茶选用细黑条精茶制成”（《西双版纳傣族自治州概况》120页)。可以兴砖茶就是以细黑条索，上好的佛海普洱茶青制造，代表了黑色普洱茶叶的标本。

四是，现在一般茶叶界，都认定砖茶茶型是1967年由紧茶转型过来的。“紧茶过去是制成带柄的心脏形，因包装运输不便，一九六七年后改成砖形，每块砖重0.25公斤”（《中国茶经》第442页）。在一般普洱茶文字资料中，都肯定普洱砖茶在20世纪60年代才出现。在见过可以兴砖茶后，才相信普洱砖茶在早期就有了产品，应该要改写现在认定的普洱砖茶历史。

可以兴砖茶是以四块为一墩，单块无包纸，四块以白绵纸包成一体，再包裹竹箬，以竹心篾条捆绑起来成一大而有棱有角的茶墩，这样子的可以兴茶墩，可以作为标本样品的，恐怕只留下硕果仅存的一墩了!

可以兴砖茶茶墩。以竹箬包裹以竹篾捆绑，每墩有茶砖四块。

贰壹 宋聘号

宋聘圆茶

茶厂：宋聘茶厂	筒包：不详	仓储：干仓	茶香：野樟香
茶山：易武茶山	图字：不详	陈期：80年	茶韵：陈韵
茶树：大叶种乔木	饼包：无	色泽：栗黄油光	味道：微甜
茶青：三等	图文：无	气味：无	水性：柔厚
茶型：圆茶	内票：纸13cm × 13.5cm	条索：细长油光	喉韵：润
规格：直径21cm	内飞：纸3.5cm × 4cm	汤色：栗色	生津：舌底鸣泉
重量：330g	工序：生茶	叶底：栗红	茶气：强

宋聘号

宋聘号茶庄成立于光绪初年，以生产大量普洱茶品闻名。钱利贞商号，后改名乾利贞号，以经营棉花、鹿茸、药材、茶叶等商品为主，于光绪二十二年在思茅设立总店。1912年因思茅瘟疫而形成居民十户九空的惨状。乾利贞号被迫迁到易武经营。后来因宋聘号和乾利贞号结为亲家，两家合并为“乾利贞宋聘号”扩大经营，以普洱茶生产为主。下表为1912年在易武镇最有名的几家茶庄每年普洱圆茶的产量：

茶庄	负责人	圆茶年产量	时间
同庆号	刘福元	500担	1929
宋聘号	钱正利	600担	
同兴号	向动武	500担	
同昌号	朱官宝	400担	

《版纳文史资料选辑》4，第32页

宋聘号茶庄。开设于云南石屏南正街20~34号的宋聘号茶庄，在民国初年普洱茶复兴时期，拥有半条街十多间店面，茶业生意极盛一时。如今留下那已经功成身退的淡然街景，仅供普洱茶人作为凭吊

宋聘圆茶内飞

乾利贞宋聘号内票

宋聘号组织改制后，改生产一般品质的普洱茶品，一直都拥有广大的普洱茶市场。但是所生产的茶品，多偏重于较低价位的商品货，因此过去由宋聘号生产的普洱茶品虽然不少，但在一般收藏者或茶楼，所珍藏保留下来优好的并不多，所以高级宋聘号普洱茶品，很不容易看到。充斥市场的宋聘普洱茶数量可观，多是普通或赝品伪货。有的是以其他茶品换了内飞，变成“百年宋聘普洱”，如利用无纸绿印冒充的最常见；有的是利用边境茶青做成宋聘号产品，加上仿印的内飞、内票，裹上竹箬而推出市面，现在仍然货源不断。目前在市面上可以看到的，那些改头换面滥竽充数的假宋聘，不下五六种之多。

宋聘号茶庄负责人为钱正利，设在易武镇的总公司名称“乾利贞宋聘号”。民国初年就在香港设立分公司，以“福华号宋聘”品牌生产普洱茶品，同时也代理营运总公司对海外销售的茶品。根据易武乾利贞茶号资料，在1946年还曾经运送一批“易武元宝茶”(圆茶)到香港，有“凤眉贡茶”“乾利茶”“同利茶”茶品；另一方面也从云南或越南等境外，买进茶青，压制各种茶型普洱茶品。到了近期的20世纪70年代以后，更有商人以越南普洱茶青，或从广东出口到香港的普洱散茶，加工压成普洱圆饼，贴上仿印的乾利贞宋聘号内飞、内票，以假而乱真。甚至香港的分公司福华号，也在其所生产的普洱茶品上，贴上总公司乾利贞号的内飞、内票。另外也有与宋聘号无关的商人，在泰国利用清迈所生产的茶青，制成圆茶贴上宋聘假内飞，压上假内票。这些泰国宋聘圆茶通常是以白报纸包饼，再包上竹

乾利贞宋聘号内票

宋聘圆茶茶筒

箬成筒。到了今天，宋聘号茶庄的茶品，形成十足的内忧外患，真真假假难辨难分了。其实品茗者，凭自己技术能力和机遇，在混乱的宋聘号茶品，是会有一些艳遇的！

“宋聘极品”是我们普洱品茗界中，一个专有名词。就是那些属于宋聘号正厂，或是乾利贞宋聘号，所生产的优良普洱茶品，都冠以“极品”，以示为宋聘号正宗好普洱茶尊称。时下的宋聘极品，已经难遇更不可求了！本人珍藏一饼宋聘极品，其内飞是全张埋在茶饼中的。其茶性和外观都与“双狮旗图”同庆圆茶极为相似，这两种茶同出自易武正山的上好普洱茶青，其品质和茶貌，极为雷同，都是上好的普洱圆茶茶品。

作者与乾利贞宋聘号茶庄股东之一，富鸿文的儿子富美会摄于石屏住宅，他是宋聘号股东的后人，唯一健在的曾经在易武做过老普洱茶的人

贴上宋聘号内飞或内票的普洱圆茶，形成多彩多姿的茶品任由爱好普洱茶者自由选择，也是自我考验选茶能力的机会

贰贰

陈云号

陈云圆茶

茶厂：陈云号茶庄	筒包：竹箬竹心篾	仓储：干仓	茶香：野樟香
茶山：易武茶山	图字：不详	陈期：65年	茶韵：老韵
茶树：大叶种乔木	饼包：无	色泽：深栗油亮	味道：微甜
茶青：三等	图文：无	气味：轻樟	水性：厚滑
茶型：圆茶	内票：无	条索：扁短	喉韵：回甘
规格：直径19.5cm	内飞：纸4.5cm×6cm	汤色：栗色	生津：舌面生津
重量：360g	工序：生茶	叶底：栗红	茶气：强

贰叁 鸿泰昌号一

鸿昌圆茶

茶厂：鸿昌茶庄	筒包：不详	仓储：干仓	茶香：野樟香
茶山：易武茶山	图字：不详	陈期：80年	茶韵：陈韵
茶树：大叶种乔木	饼包：不详	色泽：栗黄油亮	味道：淡微甜
茶青：三等	图文：不详	气味：樟香	水性：化
茶型：圆茶	内票：不详	条索：细长金芽	喉韵：润
规格：直径20cm	内飞：不详	汤色：栗红	生津：舌底鸣泉
重量：不详	工序：生茶	叶底：栗色	茶气：强

贰肆

鸿泰昌号二

鸿泰昌圆茶

茶厂：鸿泰昌茶厂	筒包：竹箬竹心篾	仓储：干仓	茶香：青香
茶山：泰国清迈茶区	图字：鸿泰昌7字	陈期：50年	茶韵：老韵
茶树：大叶种乔木	饼包：无	色泽：栗红	味道：略酸回甜
茶青：三等单片叶	图文：无	气味：无	水性：厚顺
茶型：圆茶	内票：无	条索：宽大粗条	喉韵：润
规格：直径20.5cm	内飞：纸5.2cm×6.1cm	汤色：深栗	生津：无
重量：360g	工序：生茶	叶底：栗青	茶气：弱

鸿泰昌号

“农民说：倚邦茶比易武茶好，不浑，只要一小点就好，泡多有涩味。”；“倚邦本地茶叶以曼松茶味最好，有吃曼松看倚邦之说。”；“过去在倚邦制茶的茶号有：鸿昌号，年制80担，自1926到1935年……”（《版纳文史资料选辑》第34页）。

鸿昌号茶庄早在20世纪30年代，就到泰国开设分公司，“普洱茶当时（光绪末年）的销售路线有三：……其二，由勐海至打洛，一路至泰国曼谷，一路到印度新德里”；“易武除种些玉米外，都以采茶揉茶为主……1928年年旅（运）米赛（泰国）”（《版纳文史资料选辑》4，第80、33页)。鸿昌号在泰国曼谷所设立的分公司，名为“鸿泰昌号”，作为推展海外行销的据点。后渐渐缩小了鸿昌号在云南的茶叶生产，而加大在泰国的鸿泰昌号营运经销。

十年前到香港“义安茶庄”，姚先生冲了一泡上好普洱茶，茶性与红芝圆茶在伯仲之间，只是年期比较短且没有那么沉着内敛，陈期在七八十年左右。没有内票或内飞，条索结实细长、芽条金黄、饼面油光。茶汤栗红，水性淡而化，舌下生津，野樟茶香强烈。茶饼已经破成块状，可以看出是圆茶。82岁的姚老先生一再强调，那是很早期的鸿昌号茶品。从整体认知，应该是大叶种茶的极品普洱。费尽了口舌，才肯割爱半斤，以作资料保存。可是从鸿昌号茶庄的背景资料知道，茶厂是设在倚邦大街，以出产倚邦

鸿泰昌圆茶茶筒

小叶种闻名，为何会留下如此优美的大叶种普洱茶品？

鸿泰昌号茶品，在普洱茶界被视之为边境普洱的代表。在泰国开设的鸿泰昌号茶庄，代理总公司对海外销售各种茶品，同时也就地取得茶青制造大量普洱茶，后来在香港及南洋各地设立代理公司。鸿泰昌号的经销市场港澳和东南亚各地区，以华侨饮茶人口为主要对象。第二次世界大战日军在中国南方边境开辟战场，云南茶品无法南下出境。新中国成立后，鸿昌号在云南的总公司结束了私人的经营，变成合作社形式继续营运。最后在人民公社体制下，终于结束了全部营业。这段过渡期间，在泰国的鸿泰昌号茶庄也因而得到磨炼和更茁壮，完全能够以越南、老挝、缅甸等国北部的茶青制成鸿泰昌号普洱茶品，发展其海外普洱茶市场王国。

鸿泰昌号茶品在市场上流通，从来还没有发现过赝品，可能是因为其产品到了后期，全部都是边境普洱货色，在一般普洱茶消费者心目中，那是最普通的茶品，当然就不值得商人去冒牌仿造了。不过最近在香港出现一家“鸿昌泰”公司，是向云南购得现在制造的新普洱茶青，加工压制出品，多是一些新的普洱茶品。

普洱茶品茗界都很清楚，很多茶商仿造了许多茶种款色，充斥了宋聘号普洱茶市场，但这些赝品中，仍有着不少是优良普洱茶。如那批无纸绿印被改头换面成为宋聘号的，就是茶性品质都兼优的好茶。而鸿泰昌号普洱茶品，除了少数是早期鸿昌号所生产，或以云南茶青所制成的正种茶品外，后期所生产的都是边境普洱。目前市面上的仍然有着大批鸿泰昌号茶品在流通着，而且许多还是重度霉变，或轻度发酵的边境普洱熟茶，都带有一股青酸味。

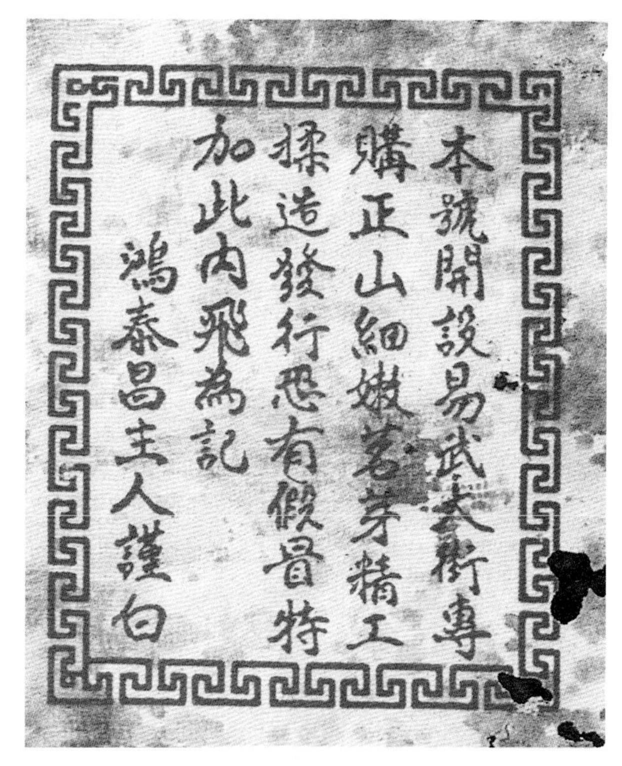

鸿泰昌圆茶内飞

贰伍 红印普洱一

早期红印圆茶

茶厂：勐海茶厂	筒包：竹箬竹心篾	仓储：干仓	茶香：兰香
茶山：易武茶山	图字：无	陈期：65年	茶韵：陈韵
茶树：大叶种乔木	饼包：毛边绵纸	色泽：深栗油亮	味道：微甜
茶青：三~五等	图文：中茶牌17原版体字	气味：轻兰	水性：化
茶型：圆茶	内票：无	条索：细长	喉韵：回甘
规格：直径20cm	内飞：八中茶，纸5.5cm × 5.7cm	汤色：栗红	生津：舌底鸣泉
重量：240g	工序：生茶	叶底：深栗	茶气：强

贰陆 红印普洱二

后期红印圆茶

茶厂：勐海茶厂	筒包：竹箬竹心篾	仓储：干仓	茶香：野樟香
茶山：易武茶山	图字：无	陈期：55年	茶韵：老韵
茶树：大叶种乔木	饼包：毛边绵纸	色泽：深栗油亮	味道：略涩
茶青：三等	图文：中茶牌17修版体字	气味：轻樟	水性：厚滑
茶型：圆茶	内票：无	条索：扁长	喉韵：回甘
规格：直径21cm	内飞：八中茶，纸5.1cm × 5.6cm	汤色：栗色	生津：舌面生津
重量：370g	工序：生茶	叶底：栗红	茶气：烈

红印圆茶 现代普洱贡茶

曾担任台湾地区中坜、三义茶厂厂长，于1979退休赴美定居的范和钧先生，早年从江苏到巴黎大学攻读数学，回国后受聘到中国茶业公司，奉派前往云南筹建佛海茶厂。1940年在佛海(勐海)搭建临时厂房，收购民间茶青制造了第一批普洱茶品。其中试制成功的有“云南红茶”和“中茶牌圆茶”，而其中有“红印普洱圆茶”和“绿印普洱圆茶”等普洱茶品。

顾名思义红印就是红的印记，茶饼的外纸正面，印着“八中茶”的中茶公司标志，而中间的茶字是红色的，以后俗称为红印普洱茶，或“红印”。中茶公司所生产的普洱茶品种很多，历年来所制造的茶品，都冠有八中茶标志，而其中“茶”字是红色的，只专用在红印普洱圆茶和红印云南沱茶的外包纸上，形成独特而空前绝后的标记。

1949年佛海茶厂，改名为勐海茶厂，第一位厂长唐庆阳先生亲口说：“打从范和钧时期开始，那种红色茶字的普洱圆茶，一直都是选用勐腊最好茶青做的，而在勐海一带产的茶青是做成绿色茶字的普洱圆茶。”勐腊县包括了勐腊镇、易武镇等，所以红印的茶青是来自易武茶山大叶种茶树，那里的普洱茶青，一直都被肯定为最优良的。现今普洱茶品行列中，红印普洱圆茶因而得以鹤立鸡群，一枝独秀。

范和钧先生计划创设佛海茶厂之时，受到二百多年以前普洱贡茶辉煌历史影响，为了要重现普洱贡茶雄风，设计了红印普洱圆茶。根据唐庆阳先生的说法，这些红色茶字的普洱茶品是准备运送到中茶公司的总公司，作为“云南省公

（左）早期红印圆茶内飞（右）后期红印圆茶内飞。勐海茶厂以中茶牌出厂的各种圆茶，都以同一款八中茶标记为内飞，只是“红中绿茶”颜色深浅不一，甚至同一种茶品其内飞色调也有差别

（左）早期红印的筒包竹箬，比（右）后期红印的来得老而韧性较强

司”成立时的纪念茶。但由于世局动乱不安，公司未能按时成立。以后因观念变化，贡茶的名词成了过去，所以没有完成“进贡”的夙愿，红印普洱圆茶实为“现代普洱贡茶”。

第一饼红印普洱圆茶，1940年在佛海茶厂临时厂房出厂后，一直到了1950年代末期，勐海茶厂陆续还在制造生产。经过了20年，跨过了两个政治时代，从佛海茶厂到了勐海茶厂，由唐庆阳接收了范和钧留下克难厂房，继续压制红印圆茶，形成红印圆茶出生身世的神秘，也留予后世中国茶的传奇。尤其红的颜色，在20世纪50年代以来，属于特别敏感的色彩，因而也增加了红印普洱圆茶的时代性色彩和价值感！

红印普洱圆茶，一直都是采用勐腊县，也就是易武正山最好的茶青制成。无论是茶品本质的优良，或是天生逢时的身世价值，都是使其成为旷世珍宝，世纪佳茗的茶品，值得收来典藏。有的商人看到红印茶品有利可图，假货赝品马上推出上市，有的还是可以以假乱真，不是真正识货行家，难以辨认其真伪。

有一批数量不多，一般称之为“红印铁饼”，经品尝和鉴定，茶饼应该是下关茶厂20世纪50年代的圆茶铁饼，却以红印外纸包装，为何张冠李戴？有待考证。

真红印普洱圆茶除了茶青肥硕，条索饱满、颜色栗红、茶面油光、茶汤透红，以及叶底柔软新鲜，且成蟾蜍皮外，“八中茶完全埋在茶饼中央”，是旧式压模制造，都是有脐臼圆形饼茶。茶汤厚酽，有兰香或野樟茶香。

据最早经营普洱茶生意的“茗辅茶行”主人王先生指出，红印普洱圆茶是1949年开始运销到香港。红印普洱圆茶可分为“早期红印”茶饼和“后期红印”茶饼，也就是20世纪40年代和50年代的产品。其实早期、后期茶饼的确实年代已无法明确肯定，只能从品饮茶饼和外包纸字体来识别出其大约年期。中茶公司茶饼外包纸的图文，在那个时代是用木刻版画印刷，八中茶标记木模，由早期使用到了后期开始时，版画字体已经起毛边，经过加以修版后，字体笔画变细了，而且留下了刀痕。可以从八中茶标志中间的茶字明显看出，早期的字体笔画粗大，后期的比较细小且有刀痕。早期红印筒包的竹箬比较粗老、厚硬、颜色深；而后期红印的比较细嫩、薄且颜色浅淡些。早期红印茶饼是采用较嫩茶青制成，有兰香的茶香；后期红印茶饼的是较中壮级茶青，有极强的野樟香。

后期红印普洱圆茶的陈期虽然已经四五十年，但其茶青都是上等原料，大部分都是干仓储放，品质条件良好，如果继续好好地收藏，茶性特色将表现更好。红印茶品现阶段的茶性，仍稍过于生硬刚烈，茶单宁成分浓度还很高，涩味很强，仍然还没有完全渡过“青涩期”，但已达舌面生津功力。一般口感比较重的普洱茶品茗者，都特别喜欢品饮红印普洱圆茶，尤其是后期红印茶饼，那种刚强力道，劲道十足。然而站在纯品茗艺境立场，现在就冲泡饮喝，如果只为的是那股劲道，那近乎杀鸡取卵，还未到最佳时候，的确太可惜了！

因为图字经过修板，从红印的茶字，很容易分出早期或后期的茶品

贰柒 绿印普洱一

早期绿印圆茶（蓝印甲乙）

茶厂：勐海茶厂	筒包：竹箬竹心篾	仓储：干仓	茶香：野樟香
茶山：勐海茶区	图字：无	陈期：65年	茶韵：陈韵
茶树：大叶种乔木	饼包：毛边纸	色泽：暗色油光	味道：略涩
茶青：三等	图文：中茶牌17字	气味：微樟	水性：细滑
茶型：圆茶	内票：无	条索：细长	喉韵：回甜
规格：直径21cm	内飞：八中茶，纸5.4cm正方	汤色：栗红	生津：舌面生津
重量：350g	工序：生茶	叶底：栗红	茶气：强

贰捌 绿印普洱二

红莲圆茶

茶厂：勐海茶厂	筒包：竹箬竹心篾	仓储：干仓	茶香：兰香
茶山：易武茶山	图字：无	陈期：50年	茶韵：老韵
茶树：大叶种乔木	饼包：无	色泽：栗色油亮	味道：蜜甜
茶青：三~五等	图文：无	气味：微兰香	水性：厚顺
茶型：圆茶	内票：无	条索：细条芽头	喉韵：回甘
规格：直径20cm	内飞：八中茶，纸5.4cm正方	汤色：栗红	生津：舌面生津
重量：330g	工序：生茶	叶底：栗青	茶气：强

贰玖 绿印普洱三

大字绿印圆茶

茶厂：勐海茶厂
茶山：勐海茶区
茶树：大叶种乔木
茶青：三等
茶型：圆茶
规格：直径20cm
重量：350g

筒包：竹箬竹心篾
图字：无
饼包：毛边纸
图文：中茶牌17字
内票：无
内飞：八中茶，纸5.4cm × 5.7cm
工序：生茶

仓储：干仓
陈期：45年
色泽：暗栗黄芽
气味：微樟香
条索：细长多芽
汤色：栗红
叶底：栗黄

茶香：野樟香
茶韵：旧韵
味道：略涩微甜
水性：细顺
喉韵：回甘
生津：舌面生津
茶气：强

叁拾 绿印普洱四

小字绿印圆茶

茶厂：下关茶厂	筒包：不详	仓储：干仓	茶香：油青香
茶山：勐海茶区	图字：不详	陈期：50年	茶韵：旧韵
茶树：大叶种乔木	饼包：毛边绵纸	色泽：青栗	味道：微甜
茶青：三等	图文：中茶圆茶，美术字	气味：无	水性：厚柔
茶型：圆茶	内票：无	条索：细长	喉韵：润
规格：直径20cm	内飞：八中茶，纸5.2cm×5.4cm	汤色：深栗	生津：舌面生津
重量：350g	工序：生茶	叶底：暗栗	茶气：足

绿印圆茶

“绿印圆茶”同红印圆茶一样，因为八中茶标记的茶饼外包纸，其茶字是绿色而得名，也是有分早期茶品和后期茶品两类。这两类绿印圆茶茶品，同红印圆茶陈期的年代大体相似。因为红印圆茶和绿印圆茶本来就是姊妹产品，也同样分为20世纪40年代生产的早期茶品和1950年以后的后期茶品两类。

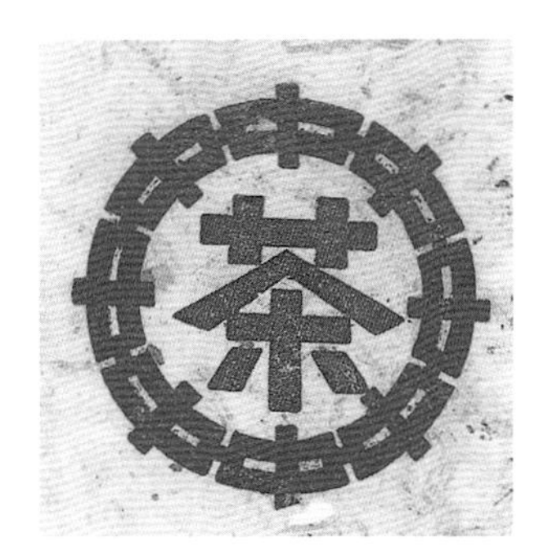

（左）从绿印甲取得的内飞，（右）是从绿印乙取得的，两者款式相同。至于颜色深浅不同、笔画粗细不同以及茶字草头有连成双十的，是印刷技术出的问题，和茶种无关

早期绿印

范和钧到了佛海搭建临时厂房，收购勐腊地方最好茶青制成红印圆茶；而就地收购勐海附近上好茶青做成绿印圆茶。由思茅至巴达黑山一带，包括了已有八百多年最老的栽培型茶树王所生长的南糯山，也就是普洱茶王国的六大茶山之一，攸乐山向西南方延伸的山脉。此地周围地区，那时仍留下可观的大叶种古老茶园，所产的茶青都是优良普洱茶。在这些条件之下，所制造出来的早期绿印圆茶，可以认为是一流好普洱茶品的。

早期绿印圆茶也叫“绿印甲乙圆茶”或“蓝印甲乙”。甲乙绿印普洱茶品的设计，原本要分甲级和乙级两种，也就是将绿印圆茶的茶青分为二，甲级是最好的，其次都属于乙级。后来因收买来的大批茶青，一方面在收购时都以最优好才收，所以再分级别已失去其意义；另一方面收得茶青统一合堆在一起，如真的要去分级次，很不容易，也不切实际。所以只做成红印一级、绿印一级，也就是红、绿各一级。但是大批绿印茶饼外包纸，事先已印好了，而且都以甲、乙级等字样分别印刷在上面。因此只好临时用蓝色墨水涂盖着甲、乙级字样，以示是同一种绿印茶青的圆茶。也因为盖有蓝色墨水印，有人称这种早期绿印为“蓝印普洱圆茶”。

这些涂盖在甲、乙级字样上的墨水原料，经过了四五十年以后到今日，已慢慢褪色，终于又显出甲、乙级字样，却引起许多无谓争议。比如有人说甲、乙好坏分开做成茶饼之后，为了怕会引起销售价格的困扰和影响销路，所以才将甲、乙字样涂盖起来。这些茶人，当然比较中意甲级绿印。也有专收买乙级的，认为乙级是用最好的细嫩茶青做成，因为心理的影响总觉得乙级茶汤比较细滑多了。其实甲、乙级茶品都是同样的，只因为每年的茶青不可能完全相同，可能先用完甲级包纸，而后才用乙级包纸，所以甲级略为陈老些。或者品茗者的心理因素，的确是会造成一些差异的感受。

早期绿印（蓝印甲乙）茶筒

甲乙绿印圆茶在品质上是比较统一稳定，整体品味稍比早期红印圆茶逊一筹，却比后期红印圆茶表现得沉稳，也没有那么青涩。无论在陈香、樟香、滋味、茶气都是一流的，而市面上价格仅为红印圆茶的一半，值得收藏。在甲乙绿印圆茶中，发现有相当多是霉变的。霉变过的茶饼多半会比较坚硬，在选购时，可以用双手掰掰看，如果饼身很结实硬朗，就应该打开外包纸仔细察看，或冲泡试喝。

后期绿印

绿印后期圆茶简称“后期绿印”，其茶品比较复杂，由20世纪50年代到60年代末期，所有勐海茶厂生产的次级圆茶，都以绿印品牌为标志，有着相当大的茶量。虽然都是同为勐海茶厂的产品，而且都以相同外包标记来包装，但由于每年茶青品质和各地区不同的茶性，往往有极大差距。所以形成同一种品牌包装的后期绿印圆茶，而其茶性品质差异很大。尤其到了20世纪60年代以后，新茶园逐渐取代了老茶园，灌木新树取代了乔木老树，后期绿印圆茶较为后来的茶品，也有部分是新树茶青制成。那些由新树茶青制造的，通常称之为“绿印尾”茶饼；而那些生产于20世纪50年代初期，类似于早期绿印圆茶茶性，而没有茶饼外包纸的绿印圆茶为“绿印头”茶饼。

20世纪60年代中期，出现了“云南七子饼茶”这个名词，也渐渐取代绿印圆茶的品牌包装，当然茶品的茶性也已经改变了。尤其1973年普洱茶的“快速陈化”。渥堆发酵工序技术研究成功，七子饼茶除了采用新树茶青、原料多级拼配外，都以发酵熟茶方式制作出品。还好，虽然绿印尾茶饼已经有采用新树茶青，但仍然能以生茶方法制造，未曾发现有熟饼的绿印圆茶茶品。后期绿印茶种分“无纸绿印”“大字绿印”“小字绿印”三类。

红莲圆茶内飞

（一）无纸绿印圆茶

20世纪50年代和60年代20年中，是中国大陆社会变动十分频繁的时代。从自由私人经济形态，变成合作社方式，再就是将私人茶庄公私合营，转型为人民公社。云南普洱茶的生产也因此在患得患失，在浮荡不稳定的情况和不安的环境中，得过且过、应世偷生的形态中进行。很多茶厂在当时制造了许多“无名”普洱茶品，也就是将普洱茶制作成光秃秃的茶饼，装进大竹篓或大木箱，大包地运销出去。反正都是公家的，品牌已经不重要了，包装纸能省就省吧!勐海茶厂所印刷的那一批甲乙绿印外包纸用完之后，当中间隔了一段相当长时期，所生产的绿印圆茶都没有外包纸，我们称之为“无纸绿印”，这些普洱圆茶也就成了“绿印头”，是收藏者所努力去寻找的上好普洱茶品。

无纸绿印的产品相当多，而且其陈化、品质、茶性都有很大差异。也有很多商人将它当作“替身品”，包上了流行热门品牌的包装纸，推上市面以假乱真。比如很多商人将它伪装成红印；或将八中茶内飞剥去，充当早期茶品出售。甚至根本不必加以改装，只说那是“无纸红印”，就可以以红印圆茶的身价大批脱售了；或将那些陈化较快速的，剥成碎片，以早期红印散茶售卖。无纸绿印已成为高级普洱茶的流浪者，以及赝品的候补员。

红莲圆茶茶筒

无纸绿印圆茶茶品极为复杂，茶性也参差不齐，同时茶品数量颇为庞大，是目前普洱茶市场最受争议的茶品之一。一般普洱茶品茗行家，多喜欢在一般人视为不可贸然接触的无纸绿印中，找到媲美红印圆茶的茶品。除了可以低价得到好茶，也是极富于挑战性的。以下介绍一批特殊而优良茶品，我们称之为“红莲圆茶”，是无纸绿印中佼佼者：

一批竹篓外面写着1952年，从勐海茶厂销到香港的无纸绿印圆茶，茶性品质特优，数量不太大的绿印头普洱圆茶，本人称之为“红莲圆茶”，是所看过的绿印头圆茶中最好的普洱茶品。

普洱茶批发商廖先生，在香港“金山楼”茶楼仓库中，找到两篓(每篓十二筒)红莲圆茶，当时都以普通的无纸绿印卖到台湾，因为茶性品质优良，已都被爱好品茗普洱茶者一抢而空。目前在香港仍有为数不少的无纸绿印，同时台湾地区普洱茶收藏界也存有相当多数量的无纸绿印，在这些茶品中，必然还有些属于红莲圆茶普洱茶。

经过多位普洱品茶高手，从茶性和内飞的鉴定，红莲圆茶肯定是勐海茶厂产品，原料应该是来自易武正山，是三至五等较嫩的茶青，同样是兰香的茶香，是舌面生津的好茶。陈化程度比较重，茶韵是无纸绿印中比较陈旧的，水性厚滑，味道微甜，喉韵甘润。

红莲圆茶是以传统压模制造，茶身比一般茶饼较宽大，但较薄，茶型圆而成不十分规整，有些甚至变为椭圆形，因为饼缘多半都有了剥落，但饼身仍然相当结实，饼面往往有压模痕迹，也是无纸绿印压制技术特色。茶叶条索细长，金色芽头掺夹其中，茶面呈灰绿色，但有油光，典型的无纸绿印茶面颜色。

（二）大字绿印圆茶

大字绿印圆茶是勐海茶厂在20世纪50年代以后，延续无纸绿印的茶品，直到20世纪60年代中期，云南七子饼茶的品牌出现，而渐渐被其所取代。大字绿印与后期红印图文极为相似。从20世纪50年代末到60年代末期之间，勐海茶厂主要茶品的生产，有红茶、绿茶和普洱圆茶。普洱茶品则以后期红印和大字绿印圆茶为主，尤其是大字绿印圆茶成了勐海茶厂普洱茶生产的重点茶品。

大字绿印圆茶，也称之为“大字绿印”茶饼。这种品牌茶品的生产，前后有十多年时间，同时茶青来源的范围非常广大，大字绿印茶饼的品质差异自然会很多。就以茶香而论，有兰香、

大字绿印内飞

樟香、青香等，几乎包容了普洱茶所有的茶香。至于茶滋、茶韵、茶气的变化更大了。在相同的大字绿印圆茶包装纸中的茶品，其茶性品质却大不相同。所以购买和品饮大字绿印时，变成要靠几分运气了，随时都可买到比较老旧的，或品质比较好的茶品。近来红印普洱茶炙手可热，有商人将比较上好的大字绿印或甲乙绿印，去了外包纸以充当散饼红印普洱圆茶出售以图高利。

大字绿印茶筒

大字绿印圆茶虽然在茶性品质上参差不齐，但是整体上来说可算是好的普洱茶品。采用了较好的茶青，以生茶工序生产，仓储过程大部分都是干仓清洁。有许多普洱茶品茗者，以“挖宝”的心理去购买、收藏大字绿印，确实富有极大的挑战性。有一批黑条黄芽，饼面非常清新油亮，是兰香的大字绿印，水性极为细柔，有着最强烈的兰香，只是陈期仍短，是早期红印、同庆老号圆茶的继承茶品。

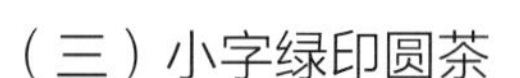

（三）小字绿印圆茶

在普洱茶市面上，可以看到一种小字绿印圆茶，但数量并不多。茶饼外包纸其字体及图文与圆茶铁饼外包纸完全相同，字体是属于美术字体，是下关茶厂茶品的品牌设计。茶饼饼身比较小，直径约20厘米，采用传统圆茶压模制造，都是以单饼出现，未看到过成筒的包装。从外包纸的认知，这批小字绿印应该是下关茶厂产品。

曾经请教过现任下关茶厂冯厂长，以及查询有关的单位，但都没有具体的印象和文字资料。有人根据品饮和推论，因为茶性与福禄贡茶十分相似，以及下关茶厂地缘关系，小字绿印茶青应该是来自凤山一带茶山。但其内飞显然是勐海茶厂的内飞，也可能是无纸绿印

小字绿印内飞

茶品。是不是有些商人为了标新立异，搞赚钱噱头，是利用圆茶铁饼外包纸，包在勐海茶厂所生产而无外包纸的无纸绿印圆茶，出售图利？不管是不是下关茶厂的茶品，无可否认的；小字绿印是老树茶青、生茶干仓、新鲜自然、整体品味而论，可以算得上好普洱茶。

七子饼茶

“文化大革命”时，将繁体字的绿印饼包纸，改为简体字的饼包纸，而名称由“中茶牌圆茶”改为“云南七子饼”。同时将外包纸字体变小，并加上英文字，而一直沿用到现在。所以七子饼，就是现代的绿印普洱茶品。其中早期所生产的七子饼中，有三种茶品值得一提的：头两种是20世纪70年代以较单纯茶青做成的“黄印七子饼”“水蓝印七子饼”；另一种是20世纪80年代的“红带七子饼”。这三种七子饼都是新树茶青，轻度熟茶，将来可以由这三种茶品，看出近代七子饼茶茶品的气质和品味。

红带七子饼、黄印七子饼、水蓝印七子饼

绿印圆茶家族。由左至右，绿印甲、绿印乙、无纸绿印、大字绿印、小字绿印

黄印圆茶

茶厂：勐海茶厂	筒包：竹箬竹心篾	仓储：干仓	茶香：青香
茶山：勐海茶区	图字：无	陈期：50年	茶韵：旧韵
茶树：大叶种灌木	饼包：毛边绵纸	色泽：栗黄	味道：略苦
茶青：二等	图文：中茶牌	气味：无	水性：薄顺
茶型：圆茶	内票：无	条索：硬饼黄芽	喉韵：回甘
规格：直径20cm	内飞：八中茶，纸5.6cm × 6.4cm	汤色：栗红	生津：两颊生津
重量：340g	工序：二分熟茶	叶底：栗色	茶气：弱

黄印圆茶

“大而圆者名紧团茶，小而圆者名女儿茶。其入商贩之手，而外细内粗者，名改造茶。”清朝文人檀萃在他的《滇海虞衡志》中作如上描述，可见当时茶商为了茶品货色的好看，吸引买客以图利，就有了“原料拼配”的普洱茶品。

大约在20世纪50年代末，也就是后期红印和后期绿印的年代，有一种中茶牌标志中的茶字是黄色的普洱茶品，我们都称之为“黄印圆茶”。这种黄印圆茶产品数量不多，而且发现有饼身大小两种，大的叫“大黄印”，小的则叫“小黄印”。黄印圆茶的制造配方，其灵感应该是来自《滇海虞衡志》所说的“改造茶”。只是古时的改造茶是因为商人图利而造的，而黄印圆茶则是勐海茶厂以在商言商，为了促销茶品，增加商品流通行为所制造的普洱茶品。黄印圆茶就是现今七子普洱饼茶的前身，也是现代拼配茶青的普洱茶品开端始祖。

以前云南的普洱茶园都是乔木茶园，采茶时必须攀爬树上，或扶梯到树梢。采茶人身后背着双箩，两侧挂着双袋，穿着宽大上衣，爬到茶树上采茶作业一次完成，老嫩茶叶统统一齐摘下，老粗分二级，分别向后投入背后双箩；中壮分二级，分开放入两侧双袋；细嫩可做女儿贡茶的塞进宽大上衣胸怀中。后来贡茶停办，有的将细嫩芽毫做成荷香的散茶；有的归到中壮两级茶青，制造出兰香和樟香的圆茶。像同庆老号圆茶、红印圆茶都带粗硕的芽头。

黄印圆茶内飞

黄印圆茶茶青是经过配方拼堆的，以中壮茶叶为主加以掺进嫩芽，成为“现代改造茶”。原本带着芽毫茶品和另掺嫩芽茶品，两者茶性有所不同。正常带毫的，是叶毫同体，其茶性较为稳定；掺毫的茶品，多是掺进不同茶树的芽毫，或者芽头特别多，其茶性显得杂色且不固定。黄印圆茶茶饼明显看出有着特别多毫头，这些毫头经过陈化后，转变为金黄颜色，所以黄印圆茶茶饼会比一般来的偏黄色，因而特以黄色茶字代表之。

黄印圆茶在制作工序中，形成了相当程度的发酵效果，虽然采用旧式压模制成，饼身压得相当坚硬结实。茶性已偏向于普洱熟茶特色，普洱茶原香消失非常严重，偶然还有一丝淡薄樟香，大体上都受熟气侵占了嗅觉。水性柔和，味道微甜，喉韵甘润，茶气还算强烈，适合大壶冲泡，或大碗大杯饮喝，可解渴消暑，是健康饮料。

黄印圆茶圆饼包纸图字

叁贰 普洱铁饼一

圆茶铁饼茶

茶厂：下关茶厂	筒包：竹箬竹心篾	仓储：干仓	茶香：青樟香
茶山：易武茶山	图字：无	陈期：55年	茶韵：旧韵
茶树：大叶种乔木	饼包：毛边绵纸	色泽：深栗油光	味道：略涩鲜甜
茶青：四~六等	图文：中茶圆茶，美术字	气味：樟香	水性：活滑
茶型：圆饼	内票：无	条索：扁细金芽	喉韵：回甘
规格：直径18.5cm	内飞：八中茶，纸5.8cm × 5.8cm	汤色：栗色	生津：舌面生津
重量：350g	工序：生茶	叶底：栗色	茶气：强

圆茶铁饼

20世纪50年代初中茶公司决定“扩大苏新销”计划，扩大对苏联和新民主主义国家茶叶交易，下关茶厂得到了一笔“俄援”经费，增加厂房建设。为了改进过去传统普洱圆茶压造技术，设计出一套全金属，而不必用布袋的改良压模。为了配合这套新式压模启用，特别从勐海茶厂调来了一批茶青，压造了第一批圆茶铁饼，“关庄沱茶采用滇西勐库茶‘双江’凤山茶（凤庆）、大山茶（西双版纳、思茅）等地滇青在下关设厂拼配、揉制”（《中国茶经》249页，上海文化出版社）。圆茶铁饼出厂后立即运销西藏、新疆以及出口到香港，不久各地茶商有了很多反映，因为茶饼是用金属压模压成，饼身非常结实坚硬，那些想及时冲泡的，却无法剥开成碎片；那些要送进茶仓储放的，发觉饼身结实度太高，不利于陈化。尤其在香港很多茶商，习惯以湿仓加快陈化效果，销售到茶楼泡成菊普茶。茶饼太过坚硬而水分不易渗透，容易造成不均匀地霉变。因此，都表示了不再欢迎这种压模所制造的茶品。

圆茶铁饼圆饼包纸图字

下关茶厂因此暂停了新铁模压制生产，这一批圆茶铁饼也就成了下关茶帮空前绝后的铁饼型茶品。1993年11月13日本人参观下关茶厂时，送了一饼圆茶铁饼存放纪念，由冯炎培厂长接受，厂方视其为珍宝。

作者参观下关茶厂，赠送圆茶铁饼一饼，由厂长冯炎培接受存厂作纪念

圆茶铁饼是采用了西双版纳境内六大茶山最好的普洱茶制成。那段期间勐海茶厂正在复建厂房，像红印圆茶、绿印圆茶等茶品仍然都是委托并与民间私人茶庄合作制造。勐海茶厂方面也顺便调拨了这批与红印后期圆茶相同，而级次较为嫩的原料，运送到下关茶厂合作做成圆茶铁饼。所以圆茶铁饼的茶性品质，介乎于红印早期和红印后期圆茶之间，其茶香已经脱离了红印早期的兰香，而是红印后期野樟香之前的“青樟香”，圆茶铁饼是青樟香普洱茶品的代表。

饼身结实形成饼层封闭，饼内茶叶无法接触到太多空气中水分，因之圆茶铁饼虽然已经有了五十多年陈期，但是其陈化情况非常慢，茶韵要比同年期的普洱茶来得。但是处于“缺水”状况之下进行陈化的，其味道表现新鲜而清甜，水性极为活泼，已有舌面生津境界。圆茶铁饼最富有青春开朗个性，充满着青春活力之美，不失为普洱茶品中最艳丽，而流露首至强烈春息的极品，有“小红印”之美誉。

上饼为干仓好茶，下饼已经受过了霉变，可以从其色泽、饼边、绿霉以及松硬感觉辨别出来

目前普洱茶市场仍然流通着相当数量的圆茶铁饼，可是大半是霉变的，这些茶品运到了香港。因为茶饼外包纸是美术字体的图字，与小字绿印相同，而不同于勐海茶厂饼外包纸的正楷字体图字，当时一般茶商都把它当作最普通的“下关茶”看待，而且又是那么坚硬，几乎都以湿仓来伺候。只有一些现在极少数量，随便堆放在被遗忘的角落处，而逃过了霉变劫难，现在才显现出其雄风媚丽。同时有些商人则以20世纪60年代，那批全部都霉变的七子铁饼来充当圆茶铁饼，以收鱼目混珠之利。所以一般普洱茶友，非有十分高鉴别能力，不能选到好的圆茶铁饼，

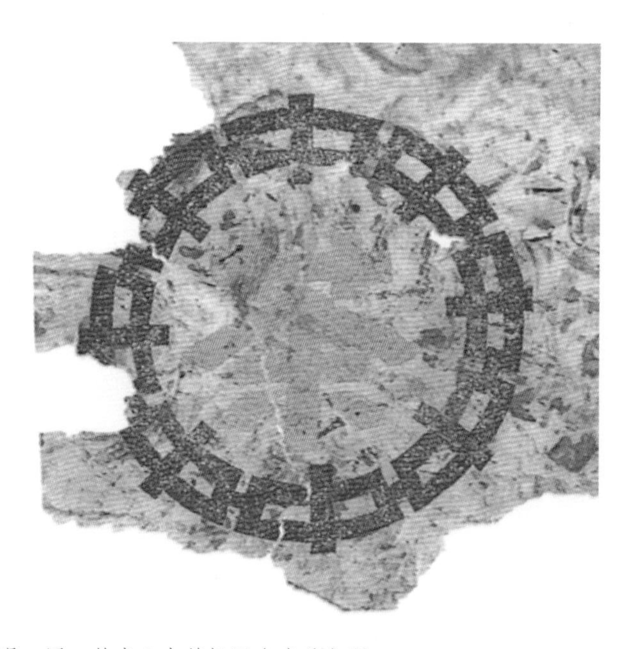

圆茶铁饼内飞。在圆茶铁饼中可以发现，同一款式八中茶标记有多种色调

千万不可太大意！

依个人选择圆茶铁饼的经验，那些干仓无霉变的，其茶面均呈现金黄色而油光发亮，同时茶饼边缘，有一些剥落，形成边薄而凹凸不整。霉变过的茶面暗深色而油光亮度不足，饼身平整，边缘整齐而坚厚，剥开茶饼在夹层内会有黑绿霉体。那些饼身比较松，呈暗栗色甚至破裂散落，也多是湿仓陈化太过的缘故。至于七子铁饼表面呈灰暗色，条索比较细长凸起，很明显地看到黑绿霉体，有些还留下了水湿印。圆茶铁饼和七子铁饼大小相同，但是偶然一看，总觉得七子铁饼比圆茶铁饼大一些。因为七子铁饼饼身平贴，而圆茶铁饼则多半微微向腹面成碗形。凭经验告诉我们，只有三四成数量的圆茶铁饼，才是干仓无霉的好茶品。霉变过的茶性品味，与七子铁饼相同，已失尽圆茶铁饼普洱茶特色。

一批包着红印外包纸的圆茶铁饼在香港市面流通，据茶商说是从勐海茶厂出来的。为何下关圆茶铁饼包着红印外包纸从勐海出厂？是否是勐海茶厂试压的茶品？就不得而知了！个人也得到一饼，品鉴可以证明确是圆茶铁饼普洱茶，而且受过霉变，茶性品质和七子铁饼相同，品茗价值已经不高了！

圆茶铁饼的金属压模

叁叁 普洱铁饼二

七子铁饼茶

茶厂：昆明茶厂	筒包：不详	仓储：湿仓	茶香：泥气
茶山：不详	图字：不详	陈期：45年	茶韵：老韵
茶树：大叶种台地	饼包：毛边绵纸	色泽：灰栗	味道：水味
茶青：三等	图文：中茶牌、17字简体	气味：轻霉	水性：厚砂
茶型：圆茶	内票：无	条索：细条霉白	喉韵：回甘
规格：直径19cm	内飞：无	汤色：暗栗	生津：无
重量：330g	工序：生茶	叶底：深栗	茶气：强

七子铁饼

20世纪50年代下关茶厂所生产圆茶铁饼，在当时茶商的反应都是“失败”的。可是这种失败经验讯息，并没有教育其他普洱茶厂。20世纪60年代初期，昆明茶厂同样接受了改革传统的冲动，要改进加布袋压模器械，又试用与下关圆茶铁饼相同的全金属压模，压制了一批“七子铁饼普洱茶”，数量并不是很大宗，但目前普洱茶市场仍可看到。

七子铁饼没有内飞，也没见过筒装的。饼包纸仍然采用毛边绵纸，但图文已经改变以往圆茶的设计，首先改用“云南七子饼茶”，圆茶的品牌，从此便不再使用且成为历史。七子铁饼的茶青是来自何方？却因为茶品受了霉变，已无法从品鉴中得知确实。如以地缘推论，最有可能是昆明一带的茶青。从叶底看来其级次是属于中壮期，品质档次看出是好茶。揉捻工序确实，条索细长均匀，以生茶制作。可惜的是，在干燥程序中未能干透，或许是有意保留较高的水分。在大部分茶饼夹层中产生了严重霉变，在本人所接触的七子铁饼茶品中，未看到不曾发过霉的。

七子铁饼圆饼包纸图字。这是云南七子饼茶的脸谱始祖

茶汤黑色，水性厚滑，喉韵回甘，水味很重，茶气极强，偶然仍隐隐约约地闻到一丝淡淡樟香。七子铁饼的霉变发生，已经过去了一段相当长时间，已经没有霉味，而转变为一股“泥气”茶香，同时茶汤喝进口腔内，有一种针刺的感觉。适合冲泡大壶茶，尤其流汗多而劳累时，喝上两大杯，对解渴及恢复体力精神，效果神奇。尤其因为有过霉变，茶叶中含有曲菌体，饮用后可以降低血脂肪，分解胆固醇，达到减肥作用。在日本茶叶市场中，将霉变的普洱茶，叫作“窈窕茶”。

福禄贡茶

福禄贡茶圆茶

茶厂：曼谷鸿利公司
茶山：云南凤山茶山
茶树：大叶种乔木
茶青：四~六等
茶型：圆茶
规格：直径20cm
重量：380g

筒包：竹箬竹心篾
图字：选庄12字
饼包：无
图文：无
内票：纸9cm × 13cm
内飞：纸5cm × 7.5cm
工序：生茶

仓储：干仓
陈期：49年
色泽：暗栗油光
气味：轻樟香
条索：扁短
汤色：栗红
叶底：深栗

茶香：强野樟香
茶韵：老韵
味道：略苦微甜
水性：厚滑
喉韵：回甘
生津：舌面生津
茶气：强

福禄贡茶在运销过程中，是最富传奇性的普洱茶，1955年由泰国曼谷运到香港，因为是“泰国普洱”，过了好几年都找不到合适的买主。香港茶商对边境普洱茶品，并没有太大兴趣，同时那段期间，从云南卖出的好普洱茶实在太多了。经过几番周折，最后才由香港中环区士丹街的“陆羽茶楼”勉强买下，用旧报纸垫着、盖着堆在仓库一角，一晃就过去了四十个年头。前几年正是香港挖启普洱茶库宝藏时机，无论新旧或好坏的普洱茶品，统统搬出来卖到台湾。香港上环区“林奇苑茶厅”，在不容易找到好普洱茶情况下，向“陆羽茶楼”买下这批一直被认定是泰国普洱的福禄贡茶。“林奇苑茶行”主人林先生为了证明此茶到香港年代，撕下当时垫着茶筒的旧报纸，有着1959年期的一角，作为留念。

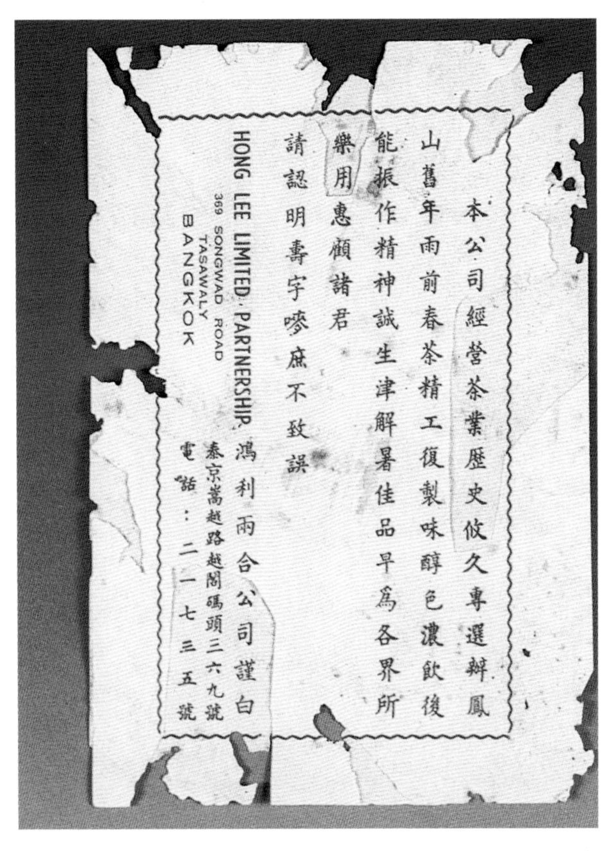

本公司經營茶業歷史攸久專選辦鳳
山舊年雨前春茶精工復製味醇色濃飲後
能振作精神誠生津解暑佳品早爲各界所
樂用惠顧諸君
請認明壽字嘜庶不致誤
HONG LEE LIMITED PARTNERSHIP 鴻利兩合公司謹白
369 SONGWAD ROAD
TASAWALY
BANGKOK
泰京嵩越路越閣碼頭三六九號
電話：二一七三五號

福禄贡茶内票。首张写有英文的普洱茶内票，也因为BANGKOK而使福禄贡茶被误判边境普洱茶的怨狱四十年

内票有“BANGK OK”的英文字样，更写明了“泰京嵩越路”的茶厂地址，被视为泰国普洱是理所当然的。经过品尝了福禄贡茶之后，信得过自己评鉴的结果，那一定是云南的普洱茶青，而且应该是一批上好的云南普洱茶品。又看到内票上写着“凤山旧年雨前春茶”，于是翻遍了泰国地图，找不到凤山的山名或地名。皇天不负有心人，最后却在云南省境内找到了凤山，而且过去就是以产茶而闻名遐迩。云南的汉族有《赶马调》：“四乡八寨收春茶，近到凤山远勐库”。福禄贡茶一夜之间，从没人问津的泰国普洱，变成为云南名茶山的上好普洱茶了！

“光绪末年（1908）顺宁府太守琦璘号叔敏与当地知名人士陈晓峰倡导种茶，引种双江勐库茶子，初种于城后凤山，蔚然成园。此后即推广普及全县”《云南省茶叶进出口公司志》第15页。

凤山茶山位于云南省中西部，著名的凤庆县正好位于凤山的凹鞍处。1939年在此创建了“顺宁茶厂”，后来改名“凤庆茶厂”。

福禄贡茶是采用凤山出口茶青制成，当然品

质必定是上好的，所以名叫“贡茶”。除了茶性品质优良之外，有将制成茶品回销香港或内地之意。福禄贡茶为圆饼茶型，饼身较一般为厚重。每饼埋贴有绿字白底横式长方形的内飞，规格为5cm × 7.5cm.每筒有一张红字白底立式长方形的内票，规格为9cm × 13cm,上有英文的茶厂地址，茶厂名称为“鸿利两合公司”，设厂在泰国曼谷市。筒包的竹箬完整大片，应该也是云南省内竹山的产品，以竹心篾条绑扎，整齐美观，在茶筒顶上面片竹箬上以紫色油墨印上“选庄 福禄贡茶 鸿利公司督制”，字体正楷工整。茶青约为四五六等，叶厚肥壮，叶条容易成断片，饼身疏松易剥。

水性厚滑，略带苦味，润喉回甘，舌面生津，最纯正的野樟香，是福禄贡茶特色。其茶汤是普洱茶品中，最为淳厚浓酽的，味道特强，渐渐成为普洱茶品茗老手的最爱。凤山茶的茶性与南部易武山茶的茶性区别极大。易武山茶偏涩，而凤山茶则有些苦味。凤山茶山都在海拔1400米以上，茶叶特别硕厚细嫩，而且一般易武山以外的茶青，都是比较脆弱，福禄贡茶茶叶也很容易破碎。水性虽然淳厚浓酽，但是十分细滑，活性十足，完全表现出高山茶的优美。福禄贡茶名副其实，是普洱茶中的高山茶。

福禄贡茶铜版纸的内飞

福禄贡茶茶筒（上、下）

叁伍

思普贡茗

思普贡茗圆茶

茶厂：鸿和茶业公司
茶山：普洱茶区
茶树：大叶种乔木
茶青：三等
茶型：圆茶
规格：直径19cm
重量：350g

筒包：竹箬竹心篾
图字：无
饼包：无
图文：无
内票：无
内飞：纸5cm×7cm
工序：生茶

仓储：干仓
陈期：50年
色泽：暗栗油光
气味：无
条索：扁短不整
汤色：栗红
叶底：栗黄

茶香：野樟香
茶韵：老韵
味道：略苦微甜
水性：厚滑
喉韵：润
生津：舌面生津
茶气：强

思普贡茗

“贡茶”“贡茗”“贡饼”等名词在近代的应用或命名，其特殊意义就是，取自云南地方优好的普洱茶青，在省外或境外制作完成茶品后，销售到海外或再回运送到大陆内地，甚至在云南省内出售。一些茶庄在其所生产茶品的筒装面片竹箬上，印有贡茶的字样，以示该茶品真、贵。最近勐海茶厂，为应付市场制造了方块形的“福禄寿喜贡茶”则例外。有“贡”字作茶名的，不是清末以前的，就是1949年以后生产的茶品。清朝所留下的贡茶，除了留在北京故宫，现在送到杭州茶叶研究所保存的金瓜普洱贡茶，应该是再也看不到其他更老的了。1949年以后，有两种由茶厂定名贡茶的“福禄贡茶”和“思普贡茗”，另一种约俗而成名的是“广云贡饼”。

思普贡茗顾名思义，其原料应该是来自思茅地区的普洱茶山，这个地区普洱茶青虽然不属易武六大茶山，但是同样是云南南部，都是有着最优良茶性的茶青。至于制造思普贡茗的“鸿和茶业公司”在那里？什么时候制造出这批贡茗？有着多方的揣测。一般人认为只要是一泡好茶，就可好好去品尝了！又何必追问其制造工厂和来历呢？可是站在品茗的立场，如果知道茶品原有的身世，也确实能增加几分情趣和意境。尤其对茶性的分析，对茶品真伪的鉴定，往往这茶品背后的历史条件，有着极大的助力和影响力。

福禄贡茶是由泰国曼谷的“鸿利公司”督制，思普贡茗则是“鸿和茶业公司”的产品。本

思普贡茗铜版纸的内飞

人以为“鸿利公司”和“鸿和公司”，应该是同一个公司，或是相关公司的组织，这两种茶品应该就是姊妹产品。其原因有四点：

一是，从筒包竹箬辨识：如果仔细深入观察，福禄贡茶和思普贡茗的筒包竹箬，是相同的产品。一般不同种类的茶品，所用竹箬会有所不同，比如同是勐海茶厂产品，早期红印、后期红印和绿印圆茶，所用的竹箬都有差别。而贡茶、贡茗可以看出是用相同地区，甚至是同一批竹箬原料，这些竹箬都比较老，有些是竹笋最根部竹箬，纤维粗老，箬片宽大，其根部部分有些已经发黑，这是一般普洱茶的竹箬很少看到的。所以这两种茶品应该出自同一茶厂，而且也是差不多时期的产品。

二是，从捆绑竹箬辨识：都是采用竹心篾条，最重要且极明显的，就是两茶筒的捆绑技术

完全相同，必定是出自同一个工厂的技术产物。

三是，从内飞辨识：福禄贡茶每一筒之中有一张大的内票，而思普贡茗则没有。但两者的内飞却有多处相似，都是横长方形；都是采用上好的铜版纸张，这种品质纸张在50年代期间，大陆地区很不容易看到，更不可能以如此高级新潮纸张，作为普洱茶饼的内飞，这也是本人所看过最高级纸张的内飞；图文设计是出自一个理念，尤其内飞中央上方，一是作“寿”字圆形图，一是以菱形图案内含“HHC”英文字母，有相互对称呼应之势；一是白底绿字，一是白底红字，和谐的颜色应用安排；内飞纸张大小虽略异，但看起来气势却相同；整体内飞构图设计理念美感是完全一致，应该是出自同一人的手笔。如此看来两种茶品应该是同一茶厂，也是同时期生产。

四是，从茶名辨识：两种茶名都是用了“贡”字，一是“贡茶”一是“贡茗”，故意以同一种艺境，分别命名，俾使两茶在这两个富于艺术的茶名，互相呼应、相得益彰之下，显出这两种茶品更加尊贵。普洱茶品在以往极少有个别命名，多是以茶厂或茶庄为名。福禄贡茶、思普贡茗是专为特定茶品命名，应同为一个公司的创举。“利”字和“和”字，是早期海外华侨最喜欢用的商业性字眼，尤其在相关联销企业集团、分号公司、相关产品，常用利、和、芳、芬、义、德等字，来贯串其商业精神。在福禄贡茶内票的公司行号“鸿利两合公司”，也显示了制造福禄贡茶的茶厂，是由两个组织单位组合而成，可能就是鸿利与鸿和合成一总公司，而分别代表两种茶品的商号！

思普贡茗饼身比较小而薄，每饼重量约只有350克。叶面较小，条索扁宽，颜色暗红。内飞纸张5厘米×7厘米，白底红字，写明“思普贡茗鸿和茶业公司”，有“米”字形的花边，中央上方有一菱形图案，内写“HHC”三个英文字母，应该是鸿和公司英文每一单词的第一个字母。茶韵老，略比福禄贡茶来得陈化，茶品陈期较长。野樟茶香，味道微酸，水性厚滑，润喉回甘，舌面生津，茶气尚强，是典型思普地区的普洱茶品，在整体茶性的品味，不如易武茶山茶品的气势磅礴，也不如凤山茶品的茶汤纯厚！

思普贡茗茶筒

叁陆 广东饼茶一

广云贡饼圆茶

茶厂：广东进出口公司	筒包：油纸绵线	仓储：干仓	茶香：青香
茶山：云南中部新茶园	图字：中茶牌16字	陈期：40年	茶韵：新韵
茶树：大叶种台地	饼包：无	色泽：暗栗油光	味道：微清甜
茶青：三等	图文：无	气味：无	水性：薄顺
茶型：圆茶	内票：无	条索：铺毫多梗	喉韵：微润
规格：直径20.5cm	内飞：八中茶，纸3.6cm×3.7cm	汤色：深栗	生津：两颊生津
重量：340g	工序：三分熟	叶底：深栗	茶气：弱

广云贡饼

“1973年以前，云南每年都调拨给广东口岸茶叶公司晒青毛茶数千担，用以配制普洱散茶出口”（《云南省茶叶进出口公司志》第159页）。普洱茶青从云南调拨到了广东，大部分以散茶直接运销到香港、澳门以及东南亚各城市，而只有少部分比较好的，在广东压成圆饼再外销。

“除云南省外，广东省也生产少量普洱茶”（《中国茶经》248页），用来制造广东省生产的普洱饼茶，有部分是云南省调拨的茶青，而部分则是广东省所生产的茶青，两种都称之为“广东饼”。以本人的经验及所知，大部分的广东饼普洱茶，都是采用广东省所生产的茶青做成，只有极少部分是云南省的普洱茶青。在茶性品质上，广东省茶青的普洱饼茶，远不及云南省茶青制造的。广东省茶青的广东饼，茶叶比较小而条索细长，饼身比较结实，饼面颜色呈黑绿为多。至于品味非常接近边境茶特色，带着微酸清甜，水性薄而顺，喉韵呈略干燥感觉，多是两颊生津，适合初饮普洱茶者或泡成菊花普洱或冲泡大壶茶。

打从1952年开始，一直到1973年长达20年时间，云南省每年必须调拨数千担普洱毛茶到广东省，在这些调拨的云南茶青中，偶尔也会有上好的茶品。所以广东饼往往是被一般普洱茶品茗高手，视为希望在垃圾堆中找到金条的机会。尤其最近各种名牌的云南普洱茶品，在市面上逐渐缺货时，普洱茶商人退而求其次，找出了很多广东饼来试探市场。当然也是带给普洱茶收藏者另一次机遇。广云贡饼就是在这种情况下，出现在台湾普洱茶市场的。

以云南省优好普洱茶青，在广东压制成的广东饼，本人称之为“广云贡饼”。在过去虽然也时有喝到广东饼普洱茶，多半是在茶楼或作客时品饮的，只是喝罢就罢了，未曾真正用心去品鉴过。这阵子香港茶商朋友廖先生，十分热衷推广广东饼，被打鸭子上架似的，非要本人好好品尝一番不可。从多种茶样中，选出了广云贡

60、70年代的广云贡饼内飞

60年代的广南贡饼内飞

80年代以后的广东饼内飞，由方形改为圆形纸张

饼，经过多次试泡品饮，一方面可能喝多了也就习惯及喜爱了；另方面也可能因为捉摸到其冲泡特性方法，将茶性表现得更加美好。这批广云贡饼可以算是好茶，是广东饼中的佼佼者。我也一改以往那种成见，广东饼不是普洱茶的想法。

广云贡饼的数量并不多，根据香港“林奇苑茶行”主人说法，此批饼茶至少已经有四十年陈期，一般的茶商都认为是广东茶青的普洱茶。经过多位喜爱普洱茶品茗高手评定，广云贡饼应该是云南省茶青，而对茶韵陈期的看法则是相同。此茶可算是及格为好普洱茶，可以上茶桌冲泡品饮，最适合于初学品茗普洱茶，或是从品尝中认识普洱茶最基本的真性特色。

同时我们也称广云贡饼为“小贡茶”，也就是次等的福禄贡茶。这两种茶品，有着十分相同之处，极可能广云贡饼的茶青也是来自凤山一带茶山，只是福禄贡茶是乔木老树茶青，而广云贡饼则是新茶园灌木新树茶青。虽然是灌木，是新树茶青，但还是吸取了云南土地表层原有的营养成分，未受到人工化肥的浸染。其茶性特色几乎是福禄贡茶性的次等标准，只是茶香中缺少樟香，而十足为普洱茶的老茶青香。

“大都藏茶宜高楼，宜大瓮。包口用青箬，瓮宜久覆，不宜仰，覆则诸气不入。”明代茶人罗廪所文载，提到以竹箬包茶将近一千年历史了。广云贡饼却打破过去一向以竹箬包茶的传统，而改以纸张作为筒包的材料，用来包裹茶筒的是一种韧性强的厚纸，类似目前一般的牛皮纸张，土黄色，带有褐色的细条纹，纸面油光，可

广云贡饼茶筒

以看出是良好纸材。可能因年代长久，纸张外面颜色较深而光。筒身外用白色棉纱粗线捆绑，操作技术很讲究。由于年代久远，纸张大部分已破裂，棉线也大多松绑移位。每一茶筒顶面盖贴上一大张茶公司商标，白底红字，八中茶的茶字是绿色，标明“中国广东茶叶进出口公司”及“普洱饼茶”字样，正楷字体，排列图案与勐海茶厂的大字绿印相似。由于纸张不比竹箬坚固柔韧，所以大多数的外包纸已经破碎，看到的已经多成为单片的散饼。

另外一批也是云南茶青的广东饼，陈期约四十年，我们称之为“广南贡饼”，品质茶性很有大树茶青品味，两者可称为姊妹茶品。20世纪60年代广南贡饼之后，曾以同样是云南灌木茶青压制了一批“后期广云贡饼”，浮贴上20世纪60年代广云的内飞（早期广云内飞多半为半埋在茶饼正面），其茶青较细嫩，梗条较少，发酵较重，茶面色泽较黑。是以竹箬筒包，以竹篾捆绑，而且大都有湿仓霉变现象。

20世纪80年代以后的广东饼，多采用广东省内的茶青制成，内飞茶的字体与广云内飞同，但是纸张改为圆形。

云南的新普洱茶园，有部分也间种上樟树，每亩约二十二株，以改善灌木新普洱茶的品味

叁柒

广东饼茶二

70年广云贡饼圆茶

茶厂：广东茶叶进出口公司	筒包：竹箬竹心篾	仓储：干仓	茶香：青香
茶山：云南新茶园	图字：无	陈期：30年	茶韵：新韵
茶树：大叶种台地	饼包：无	色泽：暗栗色	味道：微清甜
茶青：三等	图文：无	气味：无	水性：薄顺
茶型：圆茶，边扁坚实	内票：无	条索：铺毫多梗	喉韵：淡顺
规格：直径20cm	内飞：八中茶，纸3.6cm×3.7cm	汤色：深栗	生津：两颊生津
重量：345g	工序：三分熟	叶底：暗栗	茶气：弱

河内圆茶

茶厂：河内茶厂
茶山：北越茶山
茶树：大叶种乔木
茶青：三~五等
茶型：圆茶
规格：直径19cm
重量：340g

筒包：竹箬竹心篾
图字：不详
饼包：无
图文：无
内票：无
内飞：八中茶，纸5.6cm×8cm
工序：生茶

仓储：干仓
陈期：50年
色泽：暗栗
气味：无
条索：细碎多梗
汤色：深栗
叶底：暗栗

茶香：青香
茶韵：新韵
味道：甜腻略酸
水性：柔砂
喉韵：燥略甘
生津：无
茶气：弱

河内圆茶

越南北部与云南省邻界，其北部的大镇莱州，和易武镇是同在一个纬度上。越南本来就是云南的地势延伸，所以那里的植物条件与云南南方很像。那些生产在老挝、北越的边境普洱，其茶性跟云南平地的普洱茶几乎相同，极不容易辨别出来。在20世纪50年代及60年代大陆外销的普洱茶品并不十分顺畅充足时，边境普洱部分填充了港澳及海外市场，70年代云南省内的新茶园，有了较大宗产量，同时云南也能直接对海外出口运销，所以云南普洱茶品又逐渐恢复海外市场供应，边境普洱也就慢慢失去竞争能力，减少生产量。那仍然留下来的一部分，处在现在正是陈年云南普洱茶炙手可热之时，被商人换上老茶号假商标，以假乱真推出市场销售，屡见不鲜。

河内圆茶内飞。内飞上写的是越南文，请读读看

“HANOI”（河内）普洱圆茶，是典型的边境普洱代表。其实打从有普洱茶运销历史开始，云南普洱茶品就以通过老挝的丰沙里镇和北越的莱州镇，运销到越南，由越南再行销到海外。所以从越南出口的普洱茶品，有的是云南普洱茶品，也有的是北越本地的边境普洱。河内圆茶是地道的北越生产的茶青，是最标准的边境普洱。

河内圆茶所以被认定是边境普洱，除了其内飞有“HANOI”字样外，最重要的是其茶青和茶性，完全是边境普洱特色。其实“HANOI”只能告诉我们，那是越南河内制造出厂的茶品，并非代表一定是北越生产的茶青。比如福禄贡茶标明是曼谷制造生产的，但却是云南凤山极优良茶青的茶品。普洱茶品的商标字号，除了有的是原厂真标志，也有仿冒的假标志。对普洱茶的评鉴，真的是尽信书不如无书，必须要靠从茶叶本身去分辨了！

云南省内的茶青，像小叶种普洱、平地普洱、灌木普洱以及省外普洱茶品，与边境普洱在茶性方面，是很相似的，很不容易分辨出来。云南省内的小叶种、平地和灌木普洱茶的水性比较厚顺，茶香的青香比较清纯；省外和边境普洱的水性薄腻，青香较为浑杂，而且微带酸味。大部分的边境普洱茶青的色泽暗淡，条索细小干瘦，梗条细硬长条且特别多，茶饼剥开时，往往拉出许多梗条，我们给了一个特别名词，叫“藕断丝连”。

河内圆茶的筒装与思普贡茗的筒装非常相似，不管大小高矮，竹箬、竹篾的材质和色彩，都像出自同一工厂。包装、捆绑技术，却比思普贡茗来得优良。每一饼直径约20厘米，重约350克，饼身很结实坚硬，像是圆茶铁饼一般感觉。饼面留下一些细小压模痕迹，暗黑且油亮不足，条索细短，梗条多，看起来有碎而杂之感。没有内票，每一饼中间埋有一张8厘米×5.6厘米横式内飞，上面以越南文写明"XUONG CHE HANOI CHE BANH",底土黄色，字朱红色。筒包面片竹箬上原本印有朱红色图字，但大部分都已经褪色而无法辨认了。

茶韵并不十分陈老，应该是20世纪50年代产品，茶香中杂味很重，茶汤水性还算柔顺，而且温厚。叶底很暗，掺有黑色炭化叶条，制作前是多级茶青混杂合堆，所以茶青叶底较杂乱不纯，自然味道就不是很纯正了。但是其茶性很接近云南省内茶青，同时也是乔木茶树，是边境茶中佼佼者。

河内圆茶茶筒。除竹箬竹篾极类似云南境内的产品，而包装捆绑技术也是云南特色，说明了有些云南的普洱茶师傅们，移居到越南河内茶厂去了

叁玖 普洱散茶一

白针金莲散茶

茶厂：勐海茶厂	筒包：无	仓储：干仓	茶香：荷香
茶山：勐海茶区	图字：无	陈期：20年	茶韵：新韵
茶树：大叶种台地	饼包：无	色泽：金黄白霜	味道：苦
茶青：一等	图文：无	气味：荷香	水性：滑砂
茶型：散茶	内票：无	条索：芽头	喉韵：回甘
规格：无	内飞：无	汤色：深栗	生津：两颊生津
重量：无	工序：二分熟茶	叶底：暗栗	茶气：弱

“白针金莲”是香港茶商，封给那些“现代女儿茶”特别的命名。顾名思义这种茶青是白色细毫和金色芽头，是一级细嫩的茶叶，也就是和作为贡茶的女儿茶同级次普洱茶，是普洱茶品中最为幼嫩的茶青。

“不作团。味淡香如荷。新色嫩绿可爱。”是古人对新嫩女儿普洱茶所作最好的形容。白针金莲虽然已属于陈老普洱茶，但是目前可以品尝到荷香的普洱茶，应该要以白针金莲最具代表了!

目前市面上可以看到的白针金莲普洱茶的种类很多，也都是细嫩白毫金芽，但并非都是具有荷香的，而以具有荷香者为“白针金莲极品”。白针金莲是属于普洱熟茶。那些做成四五分熟的，茶青颜色比较接近栗红色，闻起来有轻微的熟味，冲泡不出荷香来；那些做成二三分轻微的熟或生茶，茶青成青栗色带金色芽头，而且通常有薄薄的“白霜”（并非发霉），闻起来有淡淡的荷香，这种就是白针金莲极品普洱茶。

白针金莲多半是勐海茶区茶青，大叶种灌木新茶树，是最高级的现代普洱茶品。可以看到的白针金莲极品，最陈老的二十年左右，茶汤砂滑，回甘生津，茶气强，茶韵新，是很值得收藏而继续陈化的好普洱茶品。

有白霜的白针金莲才有荷香，但并非所有有白霜的都是香淡如荷

肆拾 普洱散茶二

廖福散茶

茶厂：廖福茶厂	筒包：无	仓储：干仓	茶香：青花香
茶山：北越茶山	图字：无	陈期：20世纪60年代	茶韵：新韵
茶树：大叶种乔木	饼包：无	色泽：深栗	味道：水微甜
茶青：四~六等	图文：无	气味：无	水性：润
茶型：散茶	内票：无	条索：细长多梗	喉韵：厚滑
规格：无	内飞：无	汤色：栗色	生津：无
重量：无	工序：生茶	叶底：栗青	茶气：弱

廖福散茶

“廖福散茶”和茶内圆茶同是越南的普洱茶青，在茶性品味上也大致相同。这批散茶并没有商号标志，一般散茶也都是如此。从茶青和品味中可以断定是北越的茶品，同时在最早的原始塑胶包装袋包装外写有“廖福茶号”是用签字笔写的笔迹。廖福茶号在一般普洱茶资料中，并没有看过，可能在当时只是一个私人而小型的茶业公司。

廖福散茶茶青细长，多细长梗条，茶面栗黄色，略带有白霜，茶身轻碎干燥，油光不足，是生茶制作工序，干仓储存，茶汤栗色，在青香中略带有微弱兰香，这也是一些比较优良而较新的边境茶应有的特别茶香。茶韵仍然很新，应该有三十年左右的陈期。茶汤微甜，厚滑而润喉，的确是极优良的北越茶青，是边境茶中的佼佼者！

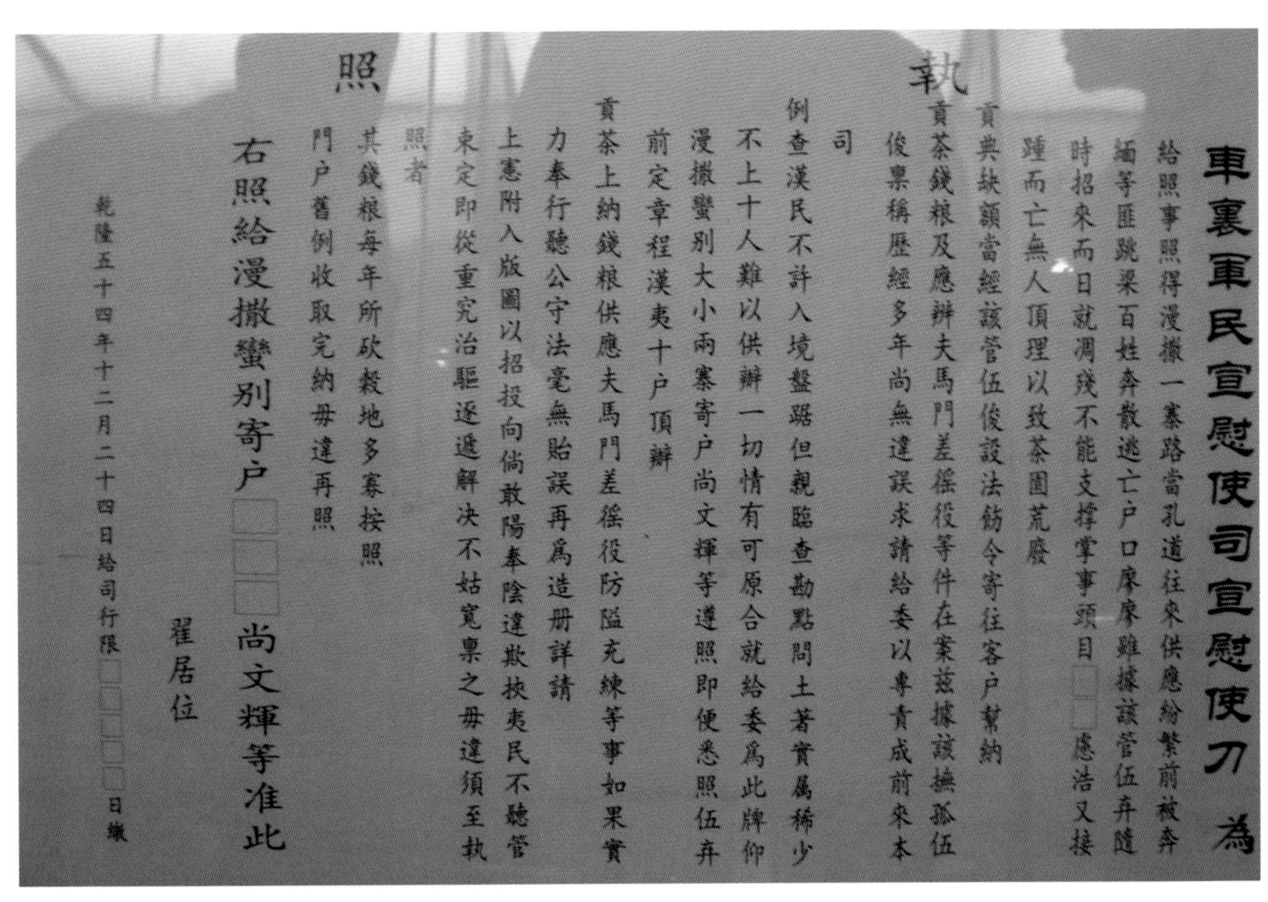
執照

車裏軍民宣慰使司宣慰使刀 為
給照事照得漫撒一寨路當孔道往來供應紛繁前被奔
滷等匪跳梁百姓奔散逃亡户口寥寥雖據該管伍弃隨
時招來而日就凋殘不能支撑掌事頭目□□應浩又接
踵而亡無人頂理以致茶園荒廢
貢典缺額當經該管伍俊設法飭令寄住客户幫納
貢茶錢粮及應辦夫馬門差徭役等件在案茲據該撫孤伍
俊稟稱歷經多年尚無違誤求請給委以專責成前來本
司
例查漢民不許入境盤踞但親臨查勘點問土著實屬稀少
不上十人難以供辦一切情有可原合就給委爲此牌仰
漫撒蠻別大小兩寨寄户尚文輝等遵照即便悉照伍弃
前定章程漢夷十户頂辦
貢茶上納錢粮供應夫馬門差徭役防隘充練等事如果實
力奉行聽公守法毫無貽誤再爲造冊詳請
上憲附入版圖以招投向倘敢陽奉陰違欺抰夷民不聽管
束定即從重究治驅逐遞解決不姑寬稟之毋違須至執
照者
其錢粮每年所砍穀地多寡按照
門户舊例收取完納毋違再照
右照給漫撒蠻別寄户□□□尚文輝等准此
翟居位
乾隆五十四年十二月二十四日給司行限□□□□日繳

清代车里军民宣慰使司发给茶叶经营户的执照抄件

肆壹 普洱沱茶一

红印沱茶

茶厂：下关茶厂	筒包：竹箬，每条五个	仓储：干仓	茶香：青香
茶山：思普茶区	图字：无	陈期：20世纪50年代	茶韵：青韵
茶树：大叶种台地	饼包：土黄厚纸	色泽：金栗	味道：略涩微甜
茶青：一等	图文：云南沱茶17红字	气味：无	水性：薄滑
茶型：沱茶	内票：无	条索：芽头细条	喉韵：回甘
规格：11cm × 5cm	内飞：八中茶，纸3cm正方	汤色：黄栗	生津：无
重量：225g	工序：生茶	叶底：黄栗	茶气：弱

20世纪50年代开始，下关茶厂采用了中茶牌的品牌商标，生产真正属于下关茶厂的普洱茶品。如那批圆茶铁饼，以及云南沱茶等，都使得下关茶厂声名大噪。尤其后来改以“云南省下关茶厂出品”，更打开了欧洲广大的市场，产品一直都供不应求，茶厂业绩更蒸蒸日上。

红印沱茶是下关茶厂在50年代中期的一批特好沱茶品。外包纸图案中茶牌的茶字和其他字体是印成红色的，所以叫做“红印沱茶”。茶字印成红色，应该是从勐海茶厂的红印圆茶得来的灵感吧！当时红印圆茶在港澳及南洋地区，广受普洱茶饮用者的欢迎，红印自然成了最有力的普洱茶广告品牌。

红印沱茶所采用的茶青，不像是来自凤山或勐库茶区，也不像是六大茶山的茶叶，而应该是来自思普茶区的一级茶青。几年前从下关茶厂，以一饼圆茶铁饼，换来了一个红印沱茶，上面还贴有半张标签，写明了1956年出厂日期，当时，陈期正好40年了。可是，剥下冲泡尝试品饮，却使人大吃一惊，因为茶汤和叶底，完全出乎预料之外，茶汤是黄栗色，叶底也是黄栗色，茶韵像不到10年陈期的青韵，轻涩微甜，水细薄回甘，活泼而新鲜感十足。然而，最可贵的是，茶香是非常纯正的青香，没有青叶味、陈味。只有从茶香的清纯功力，以及沉着内敛的气势，使人又不得不相信，确实有着40年的茶龄了！

红印沱茶生产量并不多，其运销的路线以及承售的市场也不清楚。最重要的是，经过了40年陈期，其茶性变化却是那么少，正是很值得去研究探讨的课题！

红印沱茶茶条。每五个沱茶为一条，以竹箬包裹，以树皮绳捆绑，结实牢固，改进了紧茶茶条松脱易断的缺点

肆贰 普洱沱茶二

银毫沱茶

茶厂：临沧茶厂	筒包：无	仓储：干仓	茶香：熟青香
茶山：勐库茶山	图字：无	陈期：20世纪70年代	茶韵：新韵
茶树：大叶种乔木	饼包：土黄油面纸	色泽：土栗	味道：略苦微甜
茶青：二等	图文：普洱沱茶15字	气味：无	水性：砂厚
茶型：沱茶	内票：无	条索：金黄芽头	喉韵：回甘
规格：8cm×4cm	内飞：无	汤色：深栗	生津：无
重量：95g	工序：三分熟茶	叶底：深栗	茶气：弱

银毫沱茶

“银毫沱茶”是临沧地区临沧茶厂所生产。沱茶大宗的供应，向来都是由下关茶厂负责，而下关茶厂的茶青大部分是来自勐库茶山和凤山茶山。“顺宁县的凤山茶与双江县的勐库茶，品质优良，各具特点，是加工下关沱茶的主要配料”（《云南省茶叶进出口公司志》第135页）。临沧茶厂所用的茶青，大多来自勐库茶山或者由勐库茶种所繁殖的茶园。其实云南中部茶山茶园的茶树，都是来自勐库茶种。最典型的，如凤山的福禄贡茶、勐弄的末代紧茶以及临沧的银毫沱茶。勐库茶种茶性的特色，茶青嫩碎，茶汤浓酽，茶香醇厚，略带苦底。银毫沱茶是采用二级茶青为原料，做成轻度发酵熟茶，所以冲泡时，冲上三四开以后除去熟味，才开始展现其真性。茶汤深栗，略苦带甜，水性砂厚，润喉回甘，茶韵很新，仍须长期陈放。如改善受过发酵工序所产生的后遗症，还是可能成为优良普洱茶茶品。

市面上已有了较后期的银毫沱出现，其原料也是来自勐库茶区，品质也相当好。但做成五六成熟茶，茶韵很新，熟气很重，茶汤腻喉，没有早期银沱那样内敛清纯而老旧。新的银沱除了在品味差别很大，其外包纸质料，以及图文印刷都比较差而粗糙，很容易分辨出来。

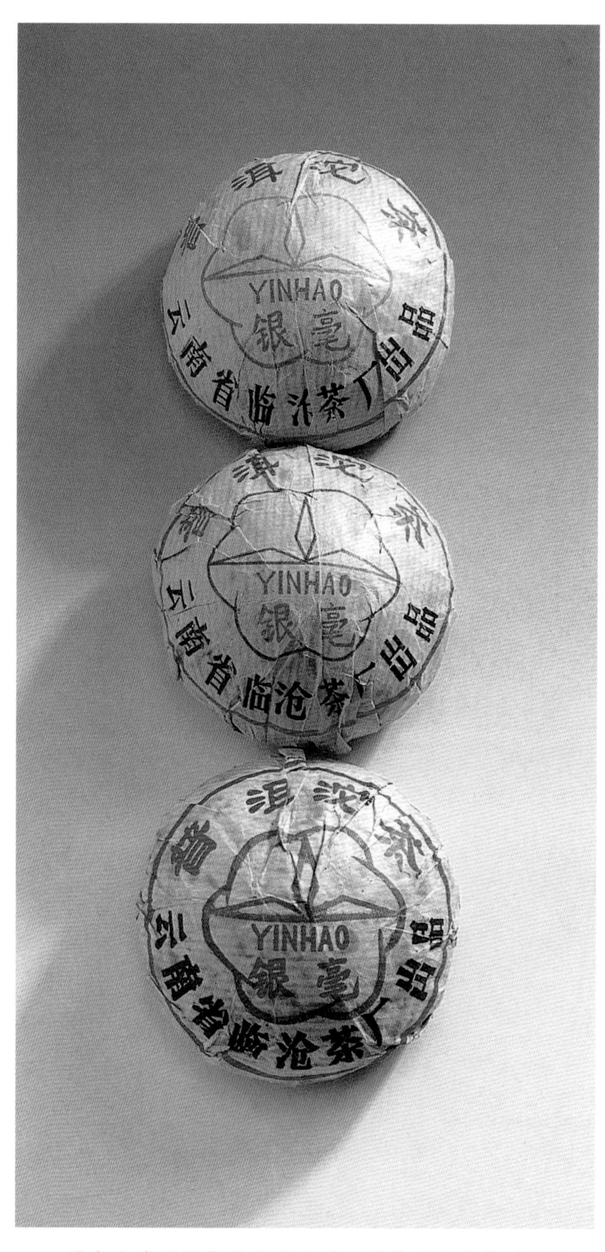

最上方为最早期的银毫沱茶，其他两个为较后期的，能分辨出来吗

肆叁 普洱砖茶一

“文革砖茶”

茶厂：勐海茶厂
茶山：勐海茶区
茶树：大叶种台地
茶青：四等
茶型：砖茶
规格：14cm×9cm×2.5cm
重量：220g

筒包：无
图字：无
饼包：无
图文：无
内票：无
内飞：纸3.9×cm×4.7cm
工序：生茶

仓储：干仓
陈期：37年
色泽：栗红
气味：糯香
条索：细长
汤色：栗色
叶底：栗青

茶香：青叶香
茶韵：新韵
味道：略涩微甜
水性：薄利
喉韵：淡
生津：无
茶气：无

“文革砖茶”

中茶公司在1967年开始生产砖茶，利用紧茶的原料，改做成砖块形压制茶，往后就以砖形茶取代了紧茶的生产（只有下关茶厂保留少量紧茶生产专门供应西藏寺庙需要）。当时正是“文化大革命”开始，全中国大陆地区上上下下，一切都在配合革命展开，如火如荼。云南普洱茶的生产，也都在这种气氛之下。生产第一批砖茶时，以“文化革命”标志附上，我们现在称之为“文革砖茶”。

“文革砖茶”是中茶公司的第一批普洱砖茶，采用勐海新茶园，大叶种灌木新树茶青为原料，条索细长，掺有细梗，掺拼红茶碎末，茶面栗红色。泡开明显看出是新树的叶底，茶汤栗色，水薄利带有轻微涩味。典型的新茶园、灌木普洱茶的特色。“文革砖茶”并非其茶性特别，而是第一批砖茶，同时又是因“文化大革命”而得名，颇具典藏价值!

“文革砖茶”内飞

肆肆 普洱砖茶二

73厚砖茶

茶厂：昆明茶厂	筒包：无	仓储：干仓	茶香：沉香
茶山：云南中部茶区	图字：无	陈期：31年	茶韵：老韵
茶树：大叶种乔木	饼包：土黄油面纸	色泽：深栗	味道：微甜
茶青：五等	图文：云南砖茶31字红紫	气味：无	水性：砂滑
茶型：砖茶	内票：无	条索：扁长	喉韵：回甘
规格：14cm×9cm×3.5cm	内飞：无	汤色：暗栗	生津：无
重量：240g	工序：六分熟茶	叶底：黑色	茶气：无

73厚砖茶

1973年昆明茶厂研究成功渥堆发酵快速陈化工艺，并制造一批普洱熟茶茶砖。这批熟砖茶是采用第五级最粗老茶青为原料，经渥堆工序发酵后，压制成砖形。因为是粗老茶叶，而多粗大梗条，每块同样是250克，也同样压成14cm × 9cm长方形，但是厚度却比一般砖茶来得厚，也比较蓬松。

“73厚砖茶”是重度发酵熟茶，在冲泡时，常常可以发现有一些茶青，不但呈现黑色，而且已经相当程度炭化了。在原料拼配中，掺有红茶碎末，所以茶面成深红色，美观好看。是第一批以熟茶做成的砖茶，虽然茶叶看起来应该是大叶种乔木的茶青，但因为过度发酵，已失去普洱茶原来真性。适合于大壶冲泡，是解渴消暑好饮料，也是极好的良药。叶底黑色，茶汤呈现暗栗色，有一股重重的沉香，为典型普洱熟茶茶香。水性厚滑有砂砂感受，微甜顺喉而回甘，的确是上好的中国饮料。

后来，昆明茶厂又陆续出产好几批规格相同的普洱厚砖，但一般都认为以73厚砖茶最好。第一批的73厚砖茶年代最老，品味也最好，目前市面所看到厚砖茶，都是较后期的茶品。73厚砖茶的外包纸是土黄色毛边纸，纸张已经很脆弱。字的颜色为深红色，很容易分辨出来。

最上方是第一批厚砖（73厚砖），是土黄易碎的油面纸，配上深红的图字。其他两种是较后期的产品，三者的茶青、制造、大小款式都相同，只是陈列有差别

肆伍

普洱砖茶三

7562砖茶

茶厂：勐海茶厂	筒包：无	仓储：干仓	茶香：淡荷香
茶山：勐海茶区	图字：无	陈期：30年	茶韵：新韵
茶树：大叶种乔木	饼包：白色油面纸	色泽：金黄	味道：微甜
茶青：二等	图文：云南砖茶31字	气味：无	水性：砂厚
茶型：砖茶	内票：无	条索：细叶芽头	喉韵：润
规格：14cm × 9cm × 2.3cm	内飞：无	汤色：深栗	生津：无
重量：240g	工序：三分熟茶	叶底：深栗	茶气：弱

7562砖茶

“7562砖茶”是因为在其外包纸的后面，用蓝墨水印上了7562的号码而得名的。像这样印上编号的，是过去从未曾有过，后来也少看到。却有茶商仿着这样的编号，而胡乱在一般砖茶上也印上号码，如7560或8569，以借着7562编号的广告效应，推销其茶品而牟利。

7562代号的含义是，1975年勐海茶厂，第6号茶青拼配的配方。其实在一般茶厂的研究部门，每研究出一种新的原料配方，便按照年份、配方顺序和茶厂代号（2是勐海茶厂代号），订下了一个代号，也就是茶品代号。只是都没将茶品代号印出来而已，也是属于该茶厂的机密资料。7562砖茶同一批茶品中，有一半是没有外包纸的，品质完全相同。而且因为没有外包纸，比较容易形成后发酵，茶面发得特别漂亮。

7562砖茶正好是“文化大革命”结束那年的产品，和在“文化大革命”开始时的“文革砖茶”，两者形成了“文革”一前一后的代表产物。“文革砖茶”仍然以传统生茶工序制造，而7562则以“改良”的快速陈化，熟茶工序来处理的。过去的砖茶，从1967年由紧茶改为砖茶以来，都是以比较老粗级次茶青作原料。而7562则例外，以第二级较细嫩茶青作为原料，是整个砖茶历史中，包括了1967年以前民间私人的产品，可能是第一次出现的嫩菁砖茶。后来勐海茶厂曾经按照7562茶品配方，制造了大量方形的小方茶，但是生茶茶品，很值得收藏加以陈化。

因为是较细嫩茶青，所以7562具有其特殊的茶性。虽然是四五分熟的熟茶，但水性还算相当活泼，口感砂而厚，顺喉微甜，带有淡淡的荷香。是以第二级茶青为原料，而且掺拼了硕壮芽头，整块砖面均呈现出金黄色，显得高贵而美观。再加上特别印有7562茶品编号，同时也是目前“煮普洱”的最好材料，所以其身价自然比一般砖茶高出许多！

7562砖茶包纸图字，每一块外包纸背面，都盖上了7562的茶号，也因而得茶名

圆茶工序

以往的普洱茶品多做成圆茶，主要是便于包装、运送和贮藏。至于“圆茶”这个名词是出现于何时，很难找到资料来佐证。同样和圆茶有关的“团茶”“饼茶”，却出现得很早，尤其在唐宋时期最常将团和饼与茶结合在一起，而更以团和饼代表茶，因此有“龙团”“凤饼”美名。“初能燥金饼，渐见干琼夜”（唐·皮日休诗）。“拣芽分雀舌，赐茗出龙团”（北宋·苏轼诗），“广雅云：荆巴间采叶作饼”；“又卖饼于市。而禁茶粥，以困蜀姥，何哉？”（唐·陆羽《茶经》）。

在唐、宋的茶诗和茶事文章中，团和饼经常可以看到。清朝时候的普洱饼茶，称作“元宝茶”。

“中茶牌圆茶”是1939年范和钧到勐海建设茶厂，第二年生产了第一批普洱茶，有早期红印和甲乙绿印，都标示了圆茶的字样。是否圆茶这名词，就是范和钧所发明的，有待更进一步去考证。

“云南七子饼茶”是在20世纪60年代中期，“文化大革命”开始前后出现的，在一个命令之下，所有的“中茶牌圆茶”商标名称，立刻改为“云南七子饼茶”。在转型过程中，几乎没阵痛也没有例外的。“圆茶”出现在普洱茶品商标字样上，就从此消失了。圆茶一名在普洱茶历史中，只有短短25年左右，而七子饼茶一直使用到现在。在一般普洱茶品茗者的意识中，圆茶已经代表了陈年老普洱饼茶，而七子饼茶则代表现代新的普洱饼茶。

兹介绍七子饼茶制作工序如下：

中国云南省的茶山是肥沃的红壤，最适合大叶种普洱茶树的生长

云南目前还有极少数高大乔木老茶园，采茶得扶梯攀树极为辛苦（图取自《中国—茶的故乡》）

现在云南省的茶园已经矮化成灌木茶园

茶青多以热风槽萎凋，只有极少数兄弟民族仍采用日光萎凋

大茶厂中也有采用热滚筒萎凋的

毛茶厂利用机器揉捻茶青的情形，将揉好茶青晒干成为普洱毛茶，叫滇青

私人做好的茶青，卖给普洱茶厂制成各型普洱茶

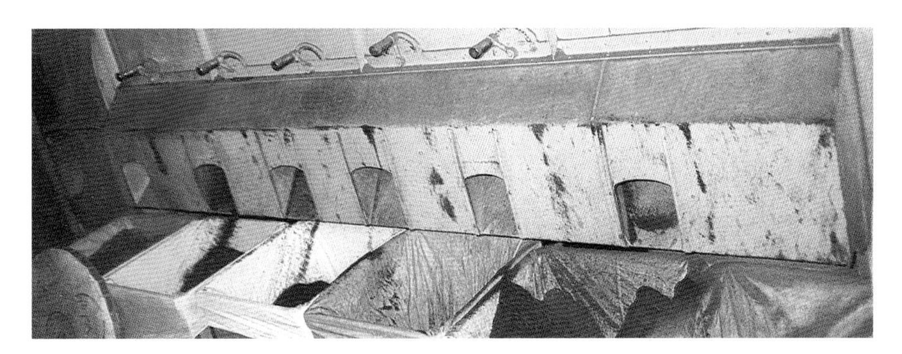

大茶厂将制好的毛茶，以分选机分出各等级，随后经过渥堆发酵处理，以备制成各种普洱茶

图中右面是较粗的里茶原料，图中左面是较嫩的面茶茶青，按照一定比例称量并配制成各种现代普洱茶

将毛茶青倒入底小口大的铁桶中，下层是里茶，上层是面茶，还半埋着一张内飞。铁桶活动的底部有细小孔洞，利用蒸气将茶青熏软，以便压制成型

将布袋套在桶口上，倒过来将蒸好的毛茶青装入布袋中（图中为蒸气台，连接着蒸气管）

倒入布袋绑紧袋口

利用压制机将毛茶青压成圆饼茶型

压制成型的圆饼，放在架上冷却后将布袋解除

解去布袋，圆饼普洱茶已成型

压成的圆饼茶送进蒸气室内烘干

烘干的饼茶包上外包纸，七饼包成一筒，十二筒装成一竹篓（一支），以便运输销售

古时候将装成篓的普洱茶饼，以人背马驮运输销售

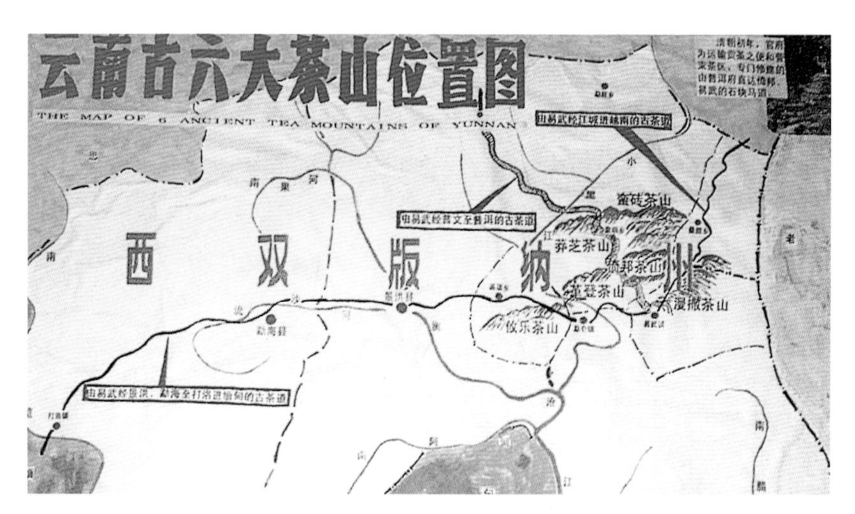

明清时期六大茶山的普洱茶品，都是走过古茶道，远销海内外的

收藏家拥有极可观数量的陈老普洱圆饼茶

沱茶工序

“1916年云南沱茶首次定型加工为现在的碗形沱茶。……碗形窝部有通风透气、防止霉变的作用……当时下关永昌祥沱茶负有盛名，多年不衰。”（《云南省茶叶进出口公司志》第15页）

下关茶厂是以生产沱茶为主要茶品，虽然偶尔也压制一些饼茶、方茶和砖茶，都多是实验产品，或是应时需要而已。譬如80年代的班禅紧茶，便是很好的例子。其实沱茶最早原产于景谷县，也叫“谷茶”，后来引进到了下关茶厂，所生产的沱茶称为“关茶”。以后下关茶厂所制造的关茶，在品质上超过了谷茶，而执云南沱茶牛耳地位。

早期下关大理一带的茶山，所生产的茶叶并非良好，所以下关茶厂每年必须向云南中南部，凤山茶山、勐库茶山、思普茶山和六大茶山，购买大批茶青作为制茶原料。同时，早期的下关茶厂，是替昆明的复兴茶厂生产沱茶，都以“复兴沱茶”命名，由复兴茶厂全权经销。到了50年代以后中茶公司委托下关茶厂，生产“云南沱茶”，而后才以“云南省下关茶厂出品”品牌，生产自己的产品。近年来下关茶厂生产的沱茶，闻名于海内外，尤其在欧洲市场更占有一席之地。云南省所生产的沱茶，那种以生茶工序制造的生沱，是以“云南沱茶”命名；那种以熟茶工序制成的叫“普洱沱茶”，以示区别。

右图为下关茶厂制造沱茶的流程。

毛茶青制作完成后，制成沱茶的第一道工序是称茶

将称好的茶青装入沱茶同大小的铁桶

以蒸气蒸热蒸软并套上布袋准备装袋（将桶子倒过来将茶青入袋）

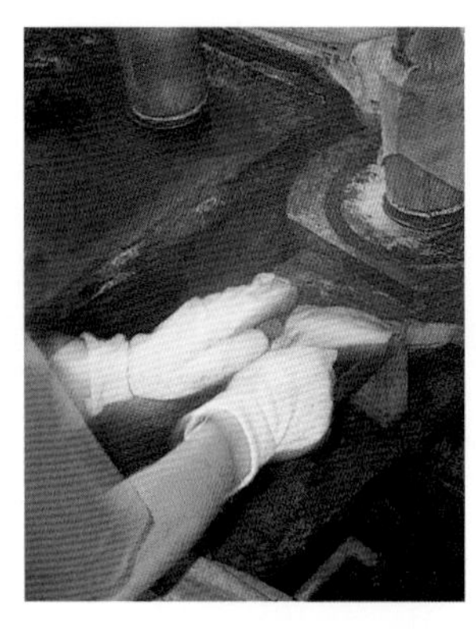

茶青倒入布袋后加以揉捻

揉好的茶青放在压模机压成沱茶型

揉好的茶青放在压模机压成沱茶型

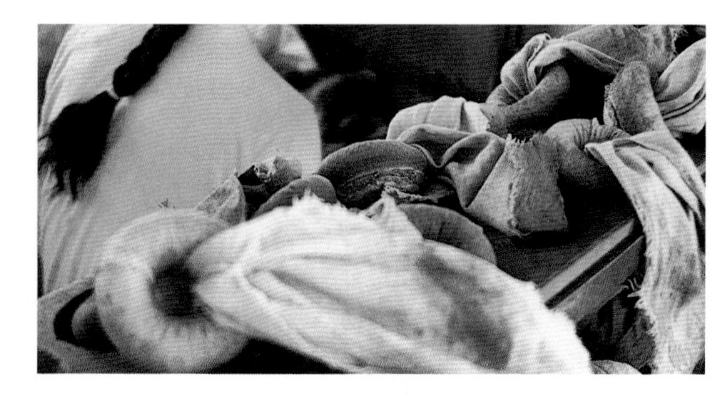

压好的沱茶等凉后，才拆开布袋

已压制好的沱茶解开布袋的沱茶型茶

放进烘干室内烘干

解下来的布袋得晾干供下次使用

烘干的沱茶包上外包纸

包好的沱茶，再将五或七个包成一筒，以便运销

图书在版编目（CIP）数据

普洱茶 / 邓时海著. -- 昆明：云南科技出版社,
2015.12（2023.7重印）
ISBN 978-7-5416-9662-6

Ⅰ. ①普… Ⅱ. ①邓… Ⅲ. ①普洱茶－文化 Ⅳ.
①TS971

中国版本图书馆CIP数据核字(2016)第009513号

出品人 温 翔
策　划 孙 琳
责任编辑 欧阳鹏 邓玉婷 张 磊 王永洁
装帧设计 张 萌
责任印制 蒋丽芬
责任校对 秦永红

书　名 普洱茶
作　者 邓时海 著
出　版 云南出版集团
　　　 云南科技出版社出版发行
社　址 昆明市环城西路609号云南新闻出版大楼
邮　编 650034
开　本 889mm×1194mm 1/16
印　张 13.5
字　数 270千字
版　次 2016年3月第1版
版　次 2023年7月第4次印刷
印　刷 昆明美林彩印包装有限公司印刷
定　价 199.00元